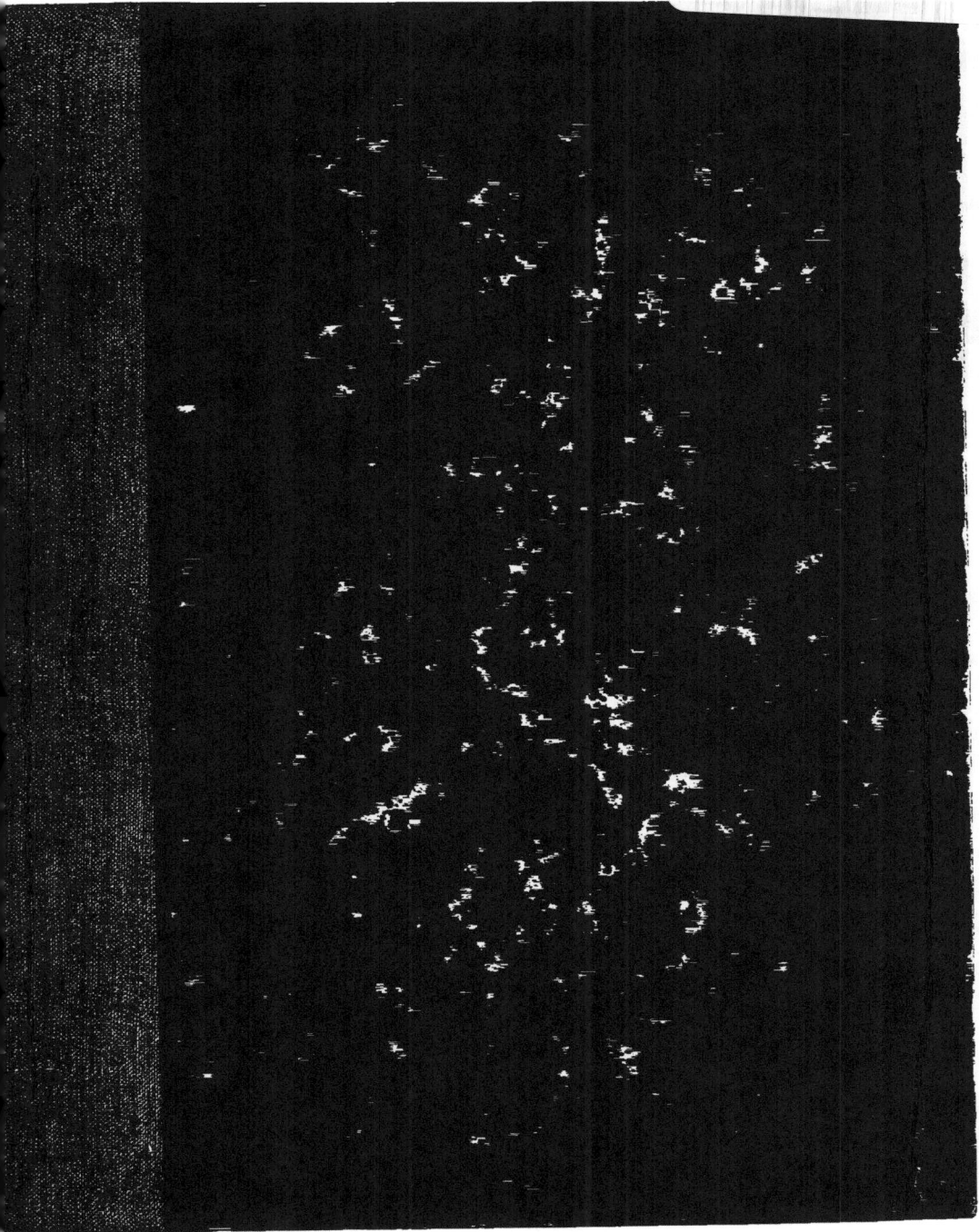

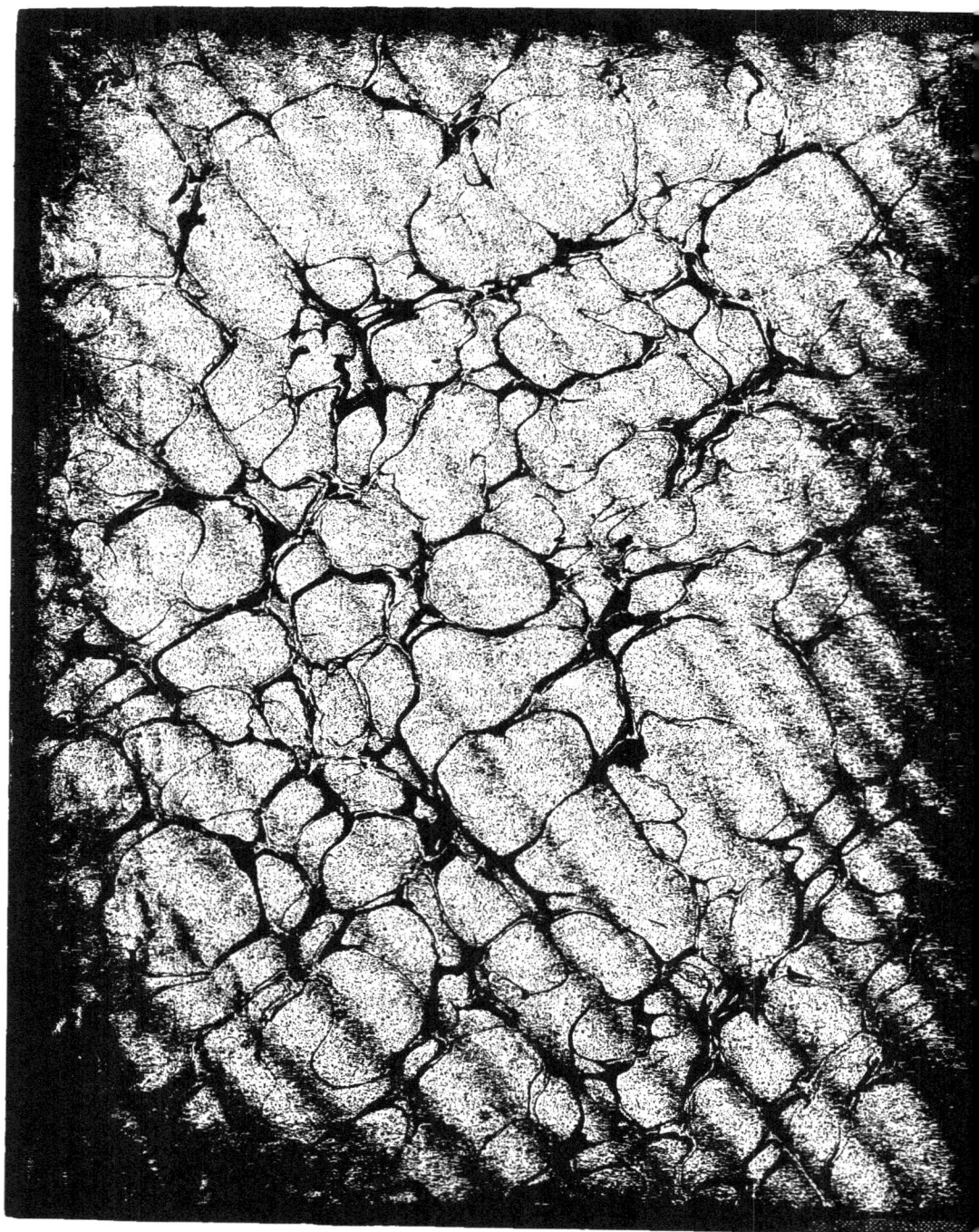

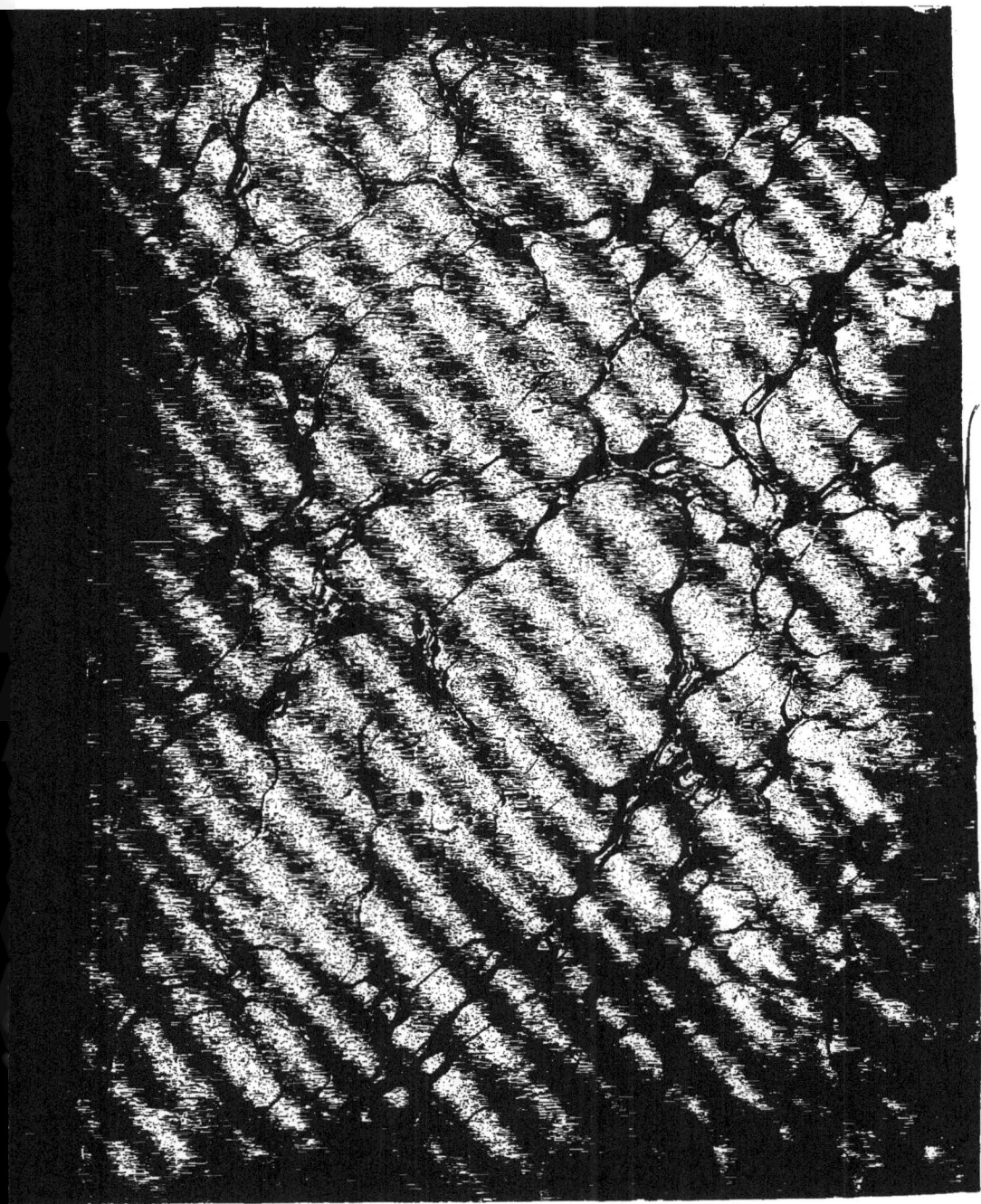

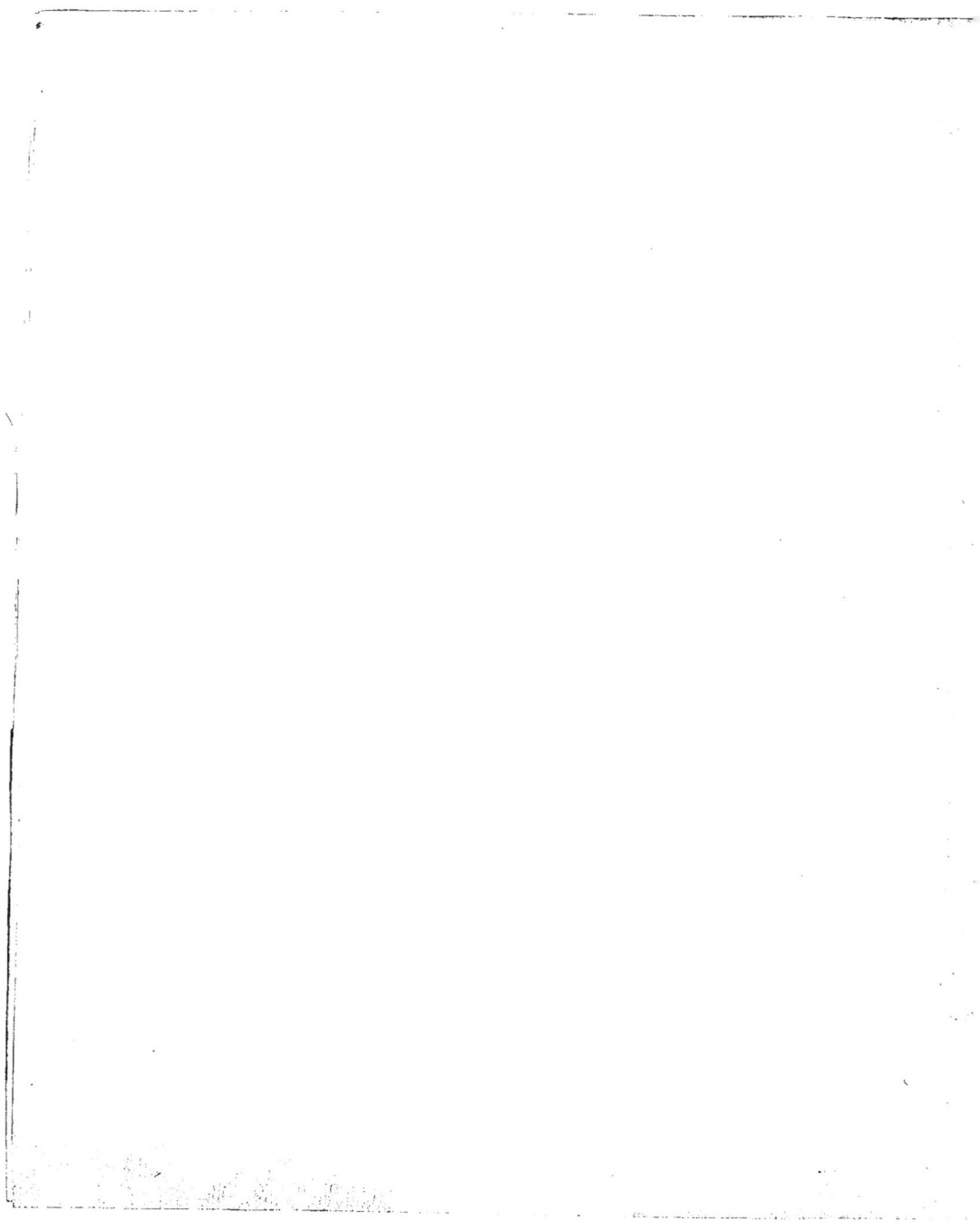

OBSERVATIONS

SUR LES

VARIATIONS DES GLACIERS

ET L'ENNEIGEMENT

dans les Alpes dauphinoises

ORGANISÉES PAR LA

SOCIÉTÉ DES TOURISTES DU DAUPHINÉ

SOUS LA DIRECTION DE

W. KILIAN,

Professeur à la Faculté des Sciences de Grenoble

AVEC LA COLLABORATION DE

G. FLUSIN,

Préparateur à la Faculté des Sciences de Grenoble

et le concours des Guides de la Société

de 1890 à 1899

ET PUBLIÉES

sous le patronage de *l'Association française pour l'avancement des sciences*

AVEC

9 planches en phototypie

——— ✦ ———

GRENOBLE

IMPRIMERIE ALLIER FRÈRES

26, Cours Saint-André, 26

1900

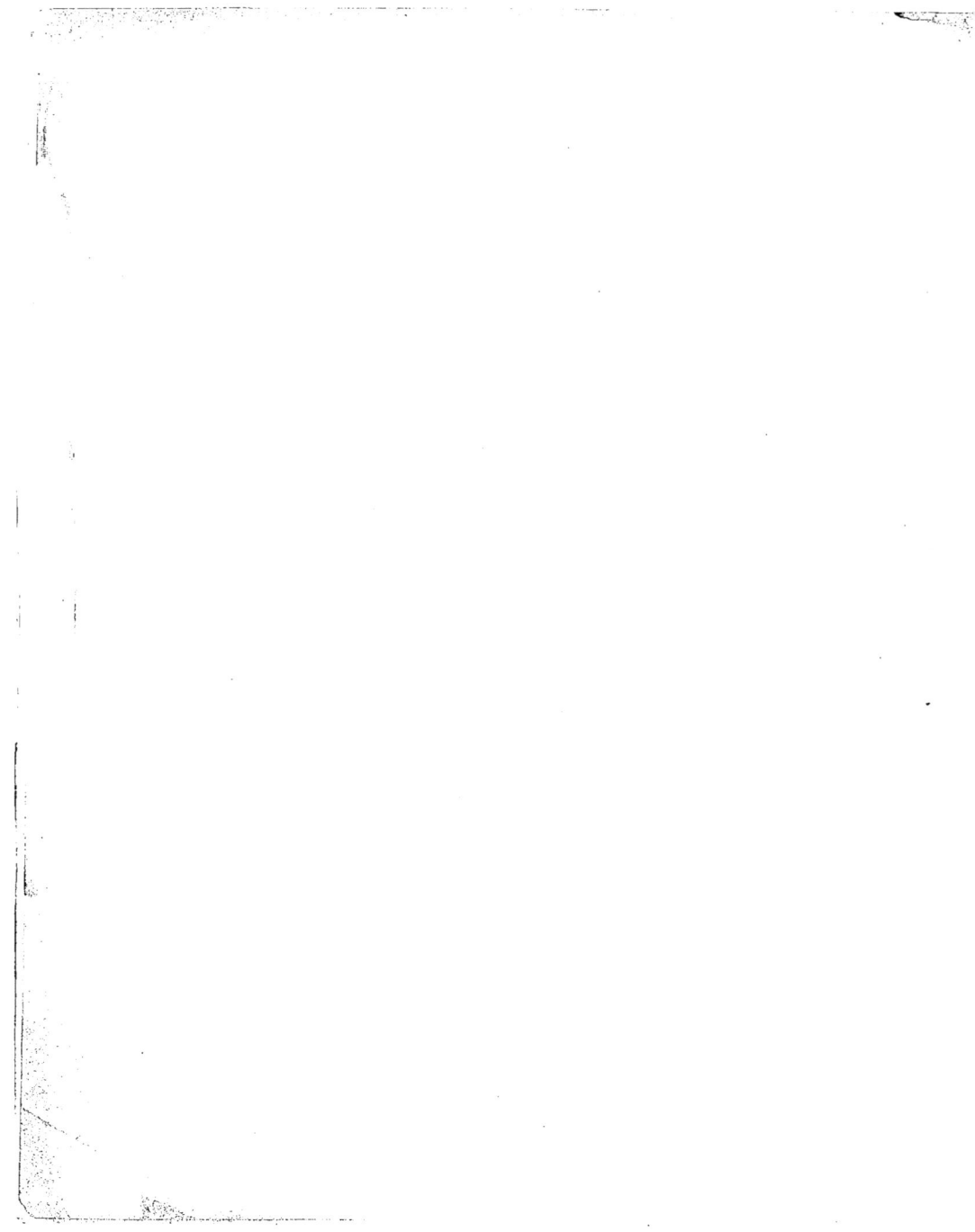

OBSERVATIONS

SUR LES

VARIATIONS DES GLACIERS

dans les Alpes Dauphinoises

ORGANISÉES PAR LA

SOCIÉTÉ DES TOURISTES DU DAUPHINÉ

Grenoble, imprimerie et lithographie ALLIER FRÈRES,
26, cours Saint-André, 26.

OBSERVATIONS

SUR LES

VARIATIONS DES GLACIERS

dans les Alpes Dauphinoises

ORGANISÉES PAR LA

SOCIÉTÉ DES TOURISTES DU DAUPHINÉ

SOUS LA DIRECTION DE

W. KILIAN,

Professeur à la Faculté des Sciences de Grenoble

AVEC LA COLLABORATION DE

G. FLUSIN,

Préparateur à la Faculté des Sciences de Grenoble

et le concours des Guides de la Société

De 1890 à 1899

Après avoir contribué pour une grande part à ouvrir à l'alpinisme une des régions les plus intéressantes et les plus pittoresques des Alpes françaises, que ses efforts intelligents, combinés avec ceux des autres Sociétés alpines, ont aujourd'hui complètement transformée, la Société des Touristes du Dauphiné a tenu à compléter son œuvre par des travaux d'un ordre plus scientifique.

Les Alpes du Dauphiné sont aujourd'hui connues dans la plupart de leurs détails topographiques et le temps n'est plus où chaque relation de voyage, chaque récit d'ascension, apportait de précieuses contributions à la connaissance de nos montagnes. Les nombreux documents accumulés dans les Annuaires de la Société des Touristes et dans les belles publications du Club Alpin français ont été élaborés; des cartes remarquables, quoique trop rares, des principaux massifs ont été publiées et ce n'est plus qu'exceptionnellement que les exploits de nos touristes apportent quelque renseignement d'une certaine importance pour la géographie même détaillée des Alpes françaises..

Mais le rôle de l'alpinisme ne saurait se borner à l'exploration purement pittoresque et topographique des massifs montagneux ; l'exemple donné par les Clubs Alpins suisse et austro-allemand, en mettant en

pleine lumière la multiplicité des questions qui se rat-
tachent aux choses de la montagne, a démontré notamment de quelle utilité pouvait être l'activité des Sociétés
alpines au point de vue scientifique et même social[1].
Les travaux entrepris par les membres de ces Sociétés
ont fourni en particulier à la science des renseignements d'une haute utilité sur la marche des divers
phénomènes naturels dans les régions alpines.

De son côté, la Société des Touristes du Dauphiné
se préoccupe, depuis de longues années[2] déjà, de contribuer pour sa part à l'étude scientifique et méthodique
des appareils glaciaires dans les Alpes françaises.

Elle a notamment consacré, presque chaque année
depuis 1890, une subvention prise sur son budget, à
des observations sur les variations des glaciers dauphinois, et plusieurs de ses membres ont employé à
ces recherches, avec le concours dévoué de ses guides,
une part de leur activité.

---

[1] Voir, par exemple, dans les *Annuaires du Club Alpin
suisse*, les récents articles du Dr Schibler sur la flore nivale des
environs de Davos et de M. Eblin sur le ravinement et le déboi-
sement, et dans les *Annuaires du Club Alpin austro-allemand*
d'intéressantes études de M. Edmond Magner sur la petite in-
dustrie dans les Alpes orientales et sur les moyens de la favo-
riser, un mémoire de M. Guttenberg sur l'aménagement des
forêts alpines, un travail curieux de M. Pommer sur les
chants populaires alpins, un autre du capitaine Obermair sur
la guerre de haute montagne, etc.

[2] V. *Annuaire de la S. T. D.*, tome VIII (1882), p. 24 (Chronique).

Il a semblé utile de réunir dans le présent travail les documents ainsi rassemblés, d'exposer la méthode suivie et de résumer les résultats obtenus en les comparant notamment avec les précieux et très intéressants renseignements qu'ont publiés de leur côté sur le passé et le présent de nos glaciers dauphinois, le professeur Forel, de Morges, et le prince Roland Bonaparte.

Nous suivrons dans cet exposé l'ordre chronologique des travaux de la Société.

PREMIÈRE PARTIE

RÉCAPITULATION DES DOCÚMENTS PUBLIÉS
PAR LA SOCIÉTÉ ANTÉRIEUREMENT A 1899.

Afin de répandre dans le public des notions scientifiques de glaciologie et d'intéresser les membres de la
Société aux phénomènes glaciaires, il a été commencé
en 1890, tome XVI, et continué dans les tomes XVII
et XVIII de notre Annuaire, sous le titre de *Neige et
Glaciers*[1], une série de trois études qui constituent un
résumé de l'excellent *Traité de Glaciologie* (Gletscherkunde) du professeur Heim, de Zurich, peu accessible
aux lecteurs français[1]. Ces articles ont été suivis de

[1] Nous avons cru également être utile aux géologues en
essayant de répandre les notions relatives aux glaciers. Les
études sur les formations fluvio-glaciaires sont actuellement
à l'ordre du jour. Or, il est assez surprenant de constater combien peu certains de nos confrères qui se sont fait une spécia-
lité de ces recherches, connaissent les glaciers actuels et les
dépôts qu'ils engendrent sous nos yeux.

Ces études forment par leur réunion un volume de 246 pages.

Afin d'éviter des confusions regrettables et ainsi que nous
l'avons déjà fait devant la Société géologique de France, nous
tenons à rappeler que M. Ch. Vélain a fait paraître dans la
Bibliothèque scientifique des Écoles et des Familles (Paris,
H. Gautier, 1895, à 0 fr. 15) un opuscule portant le même titre
(*Neige et Glaciers*) que nos articles et postérieur à leur publication.

notes bibliographiques destinées à guider dans leurs
études les personnes désireuses de se tenir au courant
des progrès de la science des glaciers[1]. En outre, des
instructions sur l'observation des glaciers, rédigées
par M. Forel, l'éminent spécialiste suisse, à l'usage
des membres de notre Société, ont été insérées dans
l'*Annuaire* n° 16, pp. 171-173.

On a reproduit également à titre de document, en
les résumant, les observations publiées en 1890, 1891
et 1892, sur les glaciers dauphinois, par le prince Roland Bonaparte et par le professeur Forel de Morges.
Un premier résumé, fait par M. Alamelle, a été inséré
en 1891 dans le tome XVI des *Annuaires de la Société
des Touristes,* un autre dans le tome XVII et un troisième dans le tome XVIII.

Enfin on a cherché à attirer, à plusieurs reprises, l'attention de nos confrères sur certains des *desiderata*
signalés par M. Forel dans ses belles études sur les
variations des glaciers alpins (*Annuaire,* tome XIX,
p. 134 et tome XX, p. 211).

[1] *Annuaires,* tome XVI, pp. 170; tome XVII, p. 234; tome XX,
pp. 164, 207-211.

1891-92.

Dès 1891, un projet d'enquête sur nos glaciers a été mis à l'étude ; voici le programme qui a été proposé à ce sujet par MM. Kilian et Collet et adopté définitivement par le Bureau de la Société.

UNE ENQUÊTE MÉTHODIQUE
SUR LES GLACIERS DU DAUPHINÉ

PROJET PRÉSENTÉ EN 1891 ET ADOPTÉ LE 23 MAI 1892 PAR LE BUREAU DE LA SOCIÉTÉ DES TOURISTES DU DAUPHINÉ SUR LA PROPOSITION DE *MM. W. Kilian* ET *J. Collet,* PROFESSEURS A LA FACULTÉ DES SCIENCES DE GRENOBLE.

La Société des Touristes du Dauphiné adresse à ses membres et à toutes les personnes de bonne volonté un appel en vue d'obtenir des documents sur la question des glaciers et de les centraliser au siège de la Société. Ces documents seront résumés chaque année dans l'*Annuaire,* et feront l'objet d'une chronique régulière. De plus, ils resteront déposés au bureau de la Société et seront destinés à servir de base à la publication d'une série de monographies des glaciers du Dauphiné.

Les noms des touristes, guides, porteurs qui auront

fourni des observations, accompagneront ces renseignements et figureront dans la chronique.

Une Commission est constituée pour diriger les explorations et veiller à la publication des documents
mentionnés plus haut.

Un questionnaire imprimé sera remis aux guides et
porteurs placés sous le patronage de la S. T. D[1].

Des instructions ont été également rédigées pour les
membres de la Société qui voudront contribuer à
l'étude des glaciers (une partie de ces instructions a
été publiée dans· l'*Annuaire* de 1890, au commencement de l'article « Neiges et Glaciers » de M. W.
Kilian).

Il serait désirable que chacune des personnes dispo-
sées à participer à cette enquête se chargeât de la
surveillance et de l'étude spéciale d'un glacier ou d'un
groupe de glaciers déterminé [2].

On ne saurait, en outre, trop encourager les touristes
à faciliter aux guides qu'ils emploieront les observations ayant trait aux phénomènes glaciaires.

Nota. — Outre les ouvrages classiques de Rendu,
Tyndall, Agassiz, Dollfus-Ausset, etc., on consultera
utilement les ouvrages suivants, dans lesquels se trouvent exposés les progrès récents de la Glaciologie :

Heim, *Gletscherkunde*. Stuttgart, Engelhorn, 1885 ;

Falsan et Chantre, *Monographie des anciens glaciers
de la portion moyenne du bassin du Rhône*. Paris, Mas-
son, 1880 ;

---

[1] S. T. D. = Société des Touristes du Dauphiné.

[2] Ces personnes sont priées de se faire connaître le plus tôt
possible au Bureau de la Société.

Falsan, *La période glaciaire*. Paris, Alcan, 1889 ;

Forel, *Études glaciaires* (Archives des sciences physiques et naturelles de Genève) ;

Forel, *Variations périodiques des glaciers des Alpes* (onze rapports dans l'*Annuaire du C. A. S.*) ;

Les mémoires de MM. Penck et Richter dans les publications géographiques et alpines d'Autriche et d'Allemagne, ceux de M. Hagenbach en Suisse, etc.

On pourrait lire aussi l'article consacré à « l'Époque glaciaire dans les Alpes dauphinoises » par M. Ernest Chabrand (*Ann. S. T. D.*, t. XIII, 1887), et les publications récentes du prince Roland Bonaparte (*Annuaire du Club Alpin français*).

Programme des observations à faire.

On a essayé de constituer, dans ce qui suit, un programme un peu complet et en quelque sorte idéal des observations à entreprendre sur les glaciers du Dauphiné. Il est peu probable qu'il soit répondu à tous les *desiderata* que nous exprimons ici, mais il se trouve, dans l'énumération ci-jointe, un certain nombre de questions auxquelles les touristes les moins familiers avec les procédés de la science peuvent répondre aisément, et des observations qu'il est dans le pouvoir de chacun d'effectuer facilement.

Nous tenons essentiellement à faire ressortir combien sont précieux, pour la réalisation du programme d'ensemble, les renseignements isolés, souvent insignifiants en apparence, que sont à même de fournir tous ceux qui visitent nos régions alpines.

Que la variété et le nombre des questions posées

n'effraient donc personne ; que chacun se dise qu'en
contribuant, selon ses moyens, à répondre à une ou à
plusieurs des questions de notre programme, il aura
fait œuvre utile et fourni des matériaux souvent très
importants pour la solution des questions théoriques.

1° Établir une liste aussi complète que possible des
glaciers du Dauphiné (et des Basses-Alpes), en ayant
soin de distinguer les simples névés des glaciers ; pour
ces derniers, indiquer si on a affaire à un glacier suspendu ou à un glacier encaissé, à un glacier de 1er ordre ou à un glacier de 2° ordre, etc. (Voir, au sujet de
ces diverses notions, les articles « Neige et Glaciers »,
dans l'*Annuaire de la S. T. D.*)

Donner le nom exact (ou les diverses dénominations
usitées) pour chaque glacier;

2° Indiquer l'altitude des diverses parties et notamment de la portion terminale du glacier.

Mentionner la température moyenne et les températures extrêmes de l'air aux deux extrémités du glacier;

3° Étudier particulièrement, pour chaque glacier :

a) Le bassin d'alimentation, ses névés, l'enneigement annuel, les variations d'épaisseur du névé.

b) Le glacier proprement dit, ses accidents (crevasses, chutes, fissures, séracs) et leurs rapports avec le
lit du glacier, la pente, la vitesse d'écoulement, etc.

c) Les moraines de diverses catégories, leurs variations.

d) La fusion (ablation) considérée dans les diverses
parties du glacier et surtout à son extrémité inférieure;
ses variations, Grottes de glace, etc.

e) Les torrents sous-glaciaires, variations de leur dé-bit (diurne, annuelle, multiannuelle, séculaire). Moulins de glaciers ;

4° Observer la marche du glacier, sa vitesse d'écoulement, les rapports de cette vitesse avec la pente, la forme du glacier, ses variations (dans les divers points et dans le temps) ;

5° Indiquer les variations des glaciers à l'époque actuelle, les modifications annuelles ou périodiques de chaque partie du glacier ; ses oscillations dans des périodes plus ou moins longues ;

6° Action du glacier sur le relief (usure de son lit et des roches encaissantes, déblaiement des vallées) ; formation de moraines frontales et barrages ; lacs glaciers ;

7° Étude de l'ancienne extension des glaciers, anciennes moraines, roches et cailloux striés et polis, leur provenance, marmites de géants, etc. Transport et colonies de plantes alpines.

Il serait désirable que les résultats de ces observations soient reportés sur des cartes topographiques ou sur des plans ;

8° L'étude qui paraît la plus intéressante serait celle des *variations des glaciers*. On pourrait répartir cette étude entre les membres de bonne volonté de la Société, en chargeant chaque membre de la surveillance d'un glacier.

Les questions qui seraient à poser seraient les suivantes :

a) Rechercher dans les documents anciens et dans les souvenirs des montagnards, l'histoire ancienne de chaque glacier. Quelles ont été les époques de crue et de décrue, de maximum et de minimum. Peut-être, pour quelques glaciers, pourrait-on remonter ainsi jusqu'au siècle dernier. En tout cas, sera-t-il possible de refaire l'histoire de beaucoup de glaciers pendant ce siècle.

b) Établir des repères devant le front et sur les bords de ces glaciers, et faire mesurer chaque année la distance entre ces repères et le bord du glacier, de manière à constater l'état de crue ou de décrue actuelle. Les conditions sont différentes dans chaque glacier, aussi ne peut-on guère donner de méthode générale ; c'est à l'observateur à étudier le terrain et à choisir dans chaque cas les procédés les plus pratiques.

D'autre part, voici les questions que M. Forel pose à ses correspondants dans les Alpes (*Jahrbuch der Schweitzer Alpenclub*, t. XVIII, p. 252) :

« Pour le passé : indiquer pour chaque glacier à « quelle époque a commencé la période actuelle de « raccourcissement ou d'allongement.

« Pour le présent : indiquer quels sont les glaciers « qui, actuellement, sont en période d'allongement, « lesquels sont en période de raccourcissement, les- « quels sont stationnaires.

« Pour l'avenir : noter chaque année, pour chaque « glacier, s'il s'allonge, s'il se raccourcit ou s'il reste « stationnaire. Il serait en outre désirable, pour autant « que ce sera possible :

« *a*) D'avoir en chiffres la valeur de ces varia- « tions.

« *b*) De rapporter chaque année à des repères inva- « riables la position du front du glacier.

« *c*) De lever le plan du front des glaciers qui sont à
« la fin d'une période, qui, après s'être allongés, com-
« mencent à diminuer, ou qui, après s'être fort raccour-
« cis, commencent à s'allonger de nouveau.

« *d*) D'avoir des observations sur l'épaisseur relative
« du glacier, en divers points de sa longueur.

« *e*) De photographier, chaque année, le front des
« glaciers.

« *f*) D'avoir des renseignements sur l'épaisseur re-
« lative des névés qui se trouvent au-dessus des gla-
« ciers. »

Comme repères, nous proposons des pieux plantés
sur le glacier en lignes droites repérées sur les rochers
du bord ou des blocs de pierre portant, peinte à la couleur verte, la figure suivante (v. plus bas, la fig. 2, p. 19).

9° Enfin on s'inspirera des récentes instructions du
professeur Forel (*Annuaire du C. A. S.*, t. XXVI, 1890-
1891, p. 351), pour l'établissement de *nivomètres* destinés à apprécier les variations de l'enneigement de
nos montagnes.

Cette installation serait relativement peu coûteuse;

10° Les touristes qui sont en mesure de prendre des
vues photographiques des glaciers du Dauphiné, sont
instamment priés d'en faire parvenir un exemplaire à
la Société.

Ces photographies seront conservées comme documents, et pourront être un jour très précieuses pour se
rendre compte des modifications incessantes que su-
bissent les appareils glaciaires de nos montagnes.

Comme suite à ce projet, le questionnaire suivant a
été envoyé aux guides et porteurs de la Société :

Instructions relatives à l'étude des glaciers

A L'USAGE DES GUIDES ET PORTEURS
DE LA SOCIÉTÉ DES TOURISTES DU DAUPHINÉ.

Les guides sont priés de répondre, dans les limites du possible, à la fin de chaque campagne, au questionnaire suivant :

1° Pour chaque glacier, indiquer :

a) Le nom ou les noms sous lesquels il est connu ;

b) Le lieu où il se trouve ;

2° Donner une description sommaire du glacier et de ses alentours : forme du glacier (allongé, encaissé, large, étalé sur un plateau, dans une vallée, etc.);

3° État de la neige (dure, poussiéreuse, molle), des névés, de la glace en divers points ; leur épaisseur ;

4° Point où se termine le glacier dans la vallée, sources, grottes de glacier ; changements d'une année à l'autre ;

5° Quantité de neige dans le bassin supérieur (bassin d'alimentation), Rimayes (« Bergschrund »).

Comparer avec les années précédentes ;

5° bis Crevasses (mesurer leur largeur et leur profondeur), chutes (cascades de glacier), séracs, bandes bleues et blanches, bandes boueuses. Indiquer la direction des bandes et des crevasses (un croquis si possible) ;

6° Pente du glacier (1° inclinaison de la surface de la glace ; 2° pente générale du lit du glacier) ;

3

7° Marche du glacier [1] en divers points (notamment à l'extrémité) et en diverses saisons et années ;

8° Moraines diverses (frontales, latérales, médianes) barrages, anciennes moraines. En indiquer la disposition aussi exactement que possible. (Y en a-t-il au milieu, sur les côtés, au bout du glacier?)

9° Y a-t-il des lacs dans le voisinage du glacier? Leur situation exacte ; description ;

10° Y a-t-il des torrents dans le glacier ou à sa surface?

11° Changements constatés dans l'état du glacier.

Rechercher les souvenirs anciens sur l'extension des glaciers. Ne recueillir que des renseignements dignes de confiance et autorisés ;

12° Indiquer les périodes de gonflement, d'allongement ou d'accroissement, et les périodes de raccourcissement.

Étude de la marche des glaciers. — Procédé d'opération.

(Ces études seront faites par des personnes désignées à cet effet.)

1° *Extrémité ou front du glacier* (fig. 2.).— Quand la neige de l'hiver a fondu, marquer sur les blocs voisins de l'extrémité du glacier (*r, r, r, r, r,*) et sur le rocher

---

[1] Voir à ce sujet, plus bas, les instructions détaillées.

à droite et à gauche (R, R de la fig. 2) en couleur verte plusieurs repères (conformes au modèle ci-joint [1]) en alignement sur le front du glacier.

A la fin de l'été, faire la même opération pour le point où se termine la glace à ce moment. (R', R', r^1, r^2, r^3, r^4, r^5 de la fig. 2.)

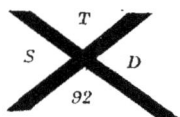

Fig. 1.

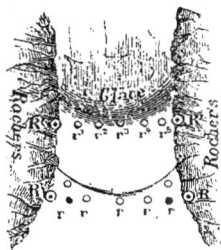

Fig. 2.

Évaluer la distance des deux lignes de repères. (R, R, r, r... et R' R', r^1, r^2, r^3... de la fig. 2.) Recommencer chaque année.

2° *Partie moyenne du glacier*. — Quand le glacier est découvert, placer sur le rocher, de chaque côté du

----

[1] Ces repères doivent avoir la forme suivante (v. fig. 1) : une croix de Saint-André peinte à la couleur verte ; dans les intervalles des branches, on placera les initiales S. T. D., et un chiffre indiquant l'année où a été posé le repère (92 pour 1892, 93 pour 1893, 94 pour 1894, etc.).

glacier (A, B et A', B' des fig. 3 et 4), des repères en couleur verte, et, en alignement avec ces derniers, placer en ligne droite sur le glacier des pieux ou des blocs portant des repères (1, 2, 3, 4, 5, fig. 3).

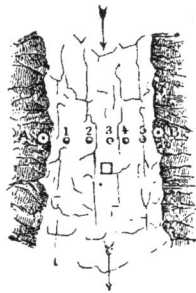 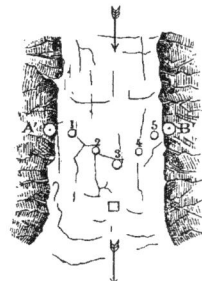

Fig. 3.   Fig. 4.

Revenir à la fin de la saison et noter la position qu'ont prise les blocs et les pieux (1, 2, 3, 4, 5, fig. 4.)

Recommencer chaque année au commencement et à la fin de l'été.

Ces instructions étaient suivies (*Annuaire,* t. XVII, p. 293) d'un appendice contenant des indications supplémentaires sur la méthode d'observation des variations glaciaires, extraites des ouvrages du professeur Forel.

1892-93.

Institué par la Société des Touristes du Dauphiné.
(Annuaire, t. XVIII.)

Fidèle au programme exposé l'année précédente
aux lecteurs de son Annuaire, le Bureau de la Société
des Touristes du Dauphiné s'est occupé, en 1892, de
donner une organisation plus complète au service d'informations. sur l'état des glaciers dauphinois et sur
l'enneigement de nos montagnes.

Une Commission spéciale a été nommée pour veiller à l'exécution des mesures destinées à assurer le
fonctionnement de ce service. M. Kilian a été désigné
pour centraliser et mettre en œuvre les renseignements recueillis.

Les résultats de cette enquête font l'objet d'une
étude détaillée qui figure à la suite de cette notice.

Des circulaires, du modèle de celles dont nous avons
donné la copie dans l'*Annuaire de 1891* (v. ci-dessus,
pp. 10 à 20), ont été envoyées aux membres de la Société
et aux guides patronnés par elle. Beaucoup sont restées sans réponse, ainsi qu'il fallait s'y attendre, mais
plusieurs personnes nous ont fait parvenir des observations d'une réelle valeur et dont on trouvera plus bas
le détail.

Parmi les guides qui ont répondu à l'appel de la Commission, il faut citer spécialement :

Barnéoud, des Claux-en-Vallouise ;

Gaillard, de la Chapelle-en-Valjouffrey ;

Emile Pic, de la Grave ;

J.-B. Rodier fils, de la Bérarde (qui a envoyé un rapport assez remarquable, accompagné de croquis, voir ci-après) ;

Chr. Turc, des Étages (Saint-Christophe) ;

Reymond, des Claux-en-Vallouise ;

Paquet, de Saint-Christophe ;

F. Bernard, du Désert-en-Valjouffrey ;

Galland, du Casset ;

Fr. Michel, d'Allemont ;

Mentionnons aussi MM. *André Antoine*, de Combe-Brémond, près Maurin (Basses-Alpes), et *F. Arnaud*, notaire à Barcelonnette, qui nous ont fait parvenir des documents intéressants sur la région de la Haute-Ubaye.

La Commission a désigné spécialement les guides *J.-B. Rodier fils*, à la Bérarde ; *Ém. Pic*, à la Grave ; *Pierre Estienne*, à la Pisse ; *V. Barnéoud*, des Claux-en-Vallouise, *J. Boy*, au Monêtier, pour établir en 1893 des repères sur les glaciers les plus importants de la région qu'ils habitent.

Moyennant une légère rétribution, ces guides se chargeront de l'établissement de marques à la couleur verte, qui permettront de se rendre un compte exact des variations ultérieures du front de nos glaciers.

M. André Antoine, de Maurin, s'est obligeamment chargé, de son côté, de mettre en observation les

champs de glace de la Haute-Ubaye et ceux de la frontière italienne, entre le Viso et le col de la Portio-
lette.

Le projet d'enquête glaciologique que nous soumet-
tions, en 1891, au public, est entré, à partir de l'année
1892, dans la voie d'exécution ; on trouvera plus bas
l'exposé des quelques résultats déjà obtenus, grâce au
concours d'un certain nombre de guides et de membres
de la Société.

Desiderata

exprimés à la suite du rapport de 1892-93.

1° Il serait bien désirable qu'il se trouve parmi les
membres de notre Société quelques personnes qui
s'adonnent sérieusement à l'étude si intéressante des
glaciers. La tâche de la Commission en serait singu-
lièrement facilitée et les résultats obtenus plus sûrs,
plus nombreux et surtout plus utiles.

Nous remarquons en effet, avec peine, qu'alors que
les guides et porteurs ont répondu, à quelques excep-
tions près, à la circulaire qui leur a été envoyée, le
questionnaire adressé à la partie la plus éclairée du
public, aux touristes, est resté sans réponse. On s'explique mal cette indifférence de la part de personnes
qui proclament hautement leur amour pour la montagne et pour tout ce qui s'y rattache. Il est bien difficile
cependant, dans une semblable entreprise, de se passer du concours d'amateurs instruits et observateurs.

On ne peut s'attendre à ce qu'une seule et même
personne, surtout lorsque ses occupations journalières

et ses études professionnelles l'empêchent de se consacrer entièrement à la glaciologie, se rende compte par elle-même de tous les détails que comporte l'observation des nombreux champs de glace que renferment nos massifs dauphinois. Nous n'hésiterions pas, si l'espoir nous était enlevé de susciter des adeptes à cette œuvre qui présente, à côté d'un réel intérêt scientifique, une incontestable utilité pour l'avenir de notre pays, à renoncer d'ores et déjà à une entreprise que le manque de collaborateurs éclairés rendrait complètement illusoire ;

2° Les circulaires adressées au personnel (guides) de la Société ont été rédigées d'une façon aussi explicite que possible ; des questions y sont posées nettement et il semble qu'il soit facile de remplir, au moins en partie, ce questionnaire, pour peu qu'on y mette un peu d'attention. Pourquoi faut-il que beaucoup d'entre elles soient restées sans résultats, alors qu'on nous envoie le plus souvent des renseignements insignifiants et ne remplissant pas le but que nous nous proposons, tels que des indications sur l'état des sentiers, la consistance de la neige, etc.

Les guides et porteurs feront bien, à l'avenir, de chercher à répondre exactement aux questions de la circulaire, en se bornant à ce travail, ils rendront plus de services qu'en indiquant mille détails superflus sans donner les renseignements qui leur sont demandés.

W. K.

PREMIERS RÉSULTATS DES OBSERVATIONS SUR LES GLACIERS DU DAUPHINÉ, RECUEILLIS PAR LA SOCIÉTÉ DES TOURISTES, EN 1892.

Le désir de la Société des Touristes, en instituant une enquête sur les glaciers du Dauphiné, est de fournir aux glaciologistes, dans la mesure de ses moyens, une série de documents destinés à faciliter la solution des grands problèmes météorologiques, tels que l'explication des variations si importantes constatées dans les appareils glaciaires. Elle espère aussi contribuer par ces observations à éclaircir dans une certaine mesure l'avenir réservé à nos massifs montagneux.

Nous croyons donc servir les intentions de la Société en reproduisant [1], à côté des observations recueillies par notre Commission, les précieuses statistiques réunies avec tant de soin par le prince Roland Bonaparte et publiées par lui dans l'Annuaire de 1891 du Club Alpin Français.

Groupés ainsi chaque année en un faisceau homogène, ces renseignements pourront plus facilement être consultés et comparés lorsque l'heure arrivera d'en faire la synthèse et d'en déduire des conclusions théoriques.

L'étude critique des faits relatés dans nos rapports ne pourra, en effet, donner que dans quelques années des résultats d'une portée un peu générale sur la marche de nos glaciers et sur leur avenir probable.

_____

[1] Voir ce résumé dans l'*Annuaire de la S. T. D.*, t. XVIII.

4

Lorsque le moment sera venu de recueillir les fruits de tant de travaux accumulés, la Société des Touristes du Dauphiné s'estimera heureuse d'avoir apporté sa part de matériaux à l'œuvre commune.

A. — **Renseignements fournis au Bureau de la Société par les guides et par différentes personnes.**

1° MASSIF DU PELVOUX. — RÉGION NORD-OUEST.

Glacier des Étançons. — Gonflement notable. (6 juillet et 18 août. Guide : Chr. Turc.)

Glacier du Plaret. — Stationnaire. — Crevassé. (8 juillet, 9 août et 15 septembre. Guide : Chr. Turc.)

Glacier du Mont-de-Lans. — Dans sa partie Nord, il est actuellement très crevassé, principalement depuis sa base jusqu'au Col des Ruillans où le passage devient impossible.

Dans la partie de Muretouse et du Moussé il en est de même, ainsi qu'entre l'Alp et Roche-Mantel. (Guide : Émile Pic, de la Grave.)

Stationnaire. Neige dure. (17 juillet. Guide : Chr. Turc.)

Glacier de la Lauze. — Stationnaire. Neige moins dure. (3 août. Guide : Chr. Turc.)

Le guide Émile Pic, de la Grave, a établi des repères dans les glaciers du Tabuchet, du Mont-de-Lans, des Étançons et à divers points du Glacier Noir.

Glacier du Vallon (ou du Râteau). — Depuis 1869, époque où le guide Émile Pic avait déposé, en compagnie de deux amis, une bouteille au bas du rocher des Enfetchores de droite, bouteille encore visible actuellement, le niveau a baissé de 3 m. 50.

Trois moraines se sont formées dans la partie des Enfetchores de droite. Les moraines naissantes, qui se développent chaque année, remplacent aujourd'hui les anciennes crevasses remplies d'eau. A la partie supérieure du glacier, sur la droite des Enfetchores de droite, le rocher est entièrement découvert par suite de la descente d'une quantité considérable de glace. (Émile Pic.)

Glacier de la Meije. — En 1860, on exploitait la glace, à 150 mètres des chalets de la Chalp-Vachère, sur 12 mètres de hauteur.

Le glacier a, depuis ce moment, subi un recul de 150 mètres. (Guide : Émile Pic.)

Gonflement du côté de la Grave. (18 août. Guide : Chr. Turc.)

2º MASSIF DU PELVOUX. — RÉGION NORD.

Glacier des Cavales. — Ce glacier diminue, d'après Ém. Pic, moins sensiblement que les autres. Ce guide y a pratiqué des points de repère.

Augmentation très sensible. (2 septembre. Guide : Chr. Turc.)

Glacier du col des Cavales. — Progression. (21 août. Guide : Chr. Turc.)

3º Massif du Pelvoux. — Région Sud-Est.

Glacier Blanc. — De 1800 à 1860, ce glacier aurait, d'après le guide Barnéoud, des Claux, progressé d'environ 3 kilomètres ; depuis cette époque, jusqu'en 1891, il aurait reculé de 2 kilomètres. De 1891 à 1892, il a de nouveau avancé de 20 mètres.

Il est sillonné de nombreux ruisseaux (20 juin 1892). Son côté droit s'est notablement abaissé entre le refuge Tuckett et le Serre-Soubeiran. (Guide : Barnéoud[1].)

Gonflement ; léger avancement. (1892. Guide : Reymond.)

Glacier Noir. — Vers 1840, ce glacier était réuni au Glacier Blanc, au bout du pré de Madame Carle ; les eaux des deux glaciers sortaient de la même grotte. Ils sont restés joints jusqu'en 1860, et, depuis cette époque, le Glacier Noir s'est retiré de près de 2 kilomètres.

Il diminue actuellement encore dans sa partie inférieure. (Barnéoud.)

Le guide Reymond, des Claux, a constaté, en observant une marque faite par lui, il y a quatre ans, au passage qui porte son nom (Carte Guillemin), un gonflement notable ; le niveau s'est exhaussé de 1 m. 48 en cet endroit.

Crevasses moins développées ; névés plus abon-

[1] On remarquera que ces renseignements ne sont pas entièrement d'accord avec ceux que relate le prince R. Bonaparte, en ce qui concerne le passé du Glacier Blanc. En revanche, tous les observateurs sont d'accord sur sa crue actuelle.

dants qu'en 1891, mais diminution très sensible depuis
cinq ans, date à laquelle il n'existait que peu ou point
de crevasses ; le passage de ce glacier exige maintenant beaucoup plus de prudence et d'attention. (Guide :
Émile Pic, de la Grave.)

Le 15 août. Le Bergschrund[1] a 3 mètres de largeur.
(Guide : Chr. Paquet.)

Dépression notable. (10 août. Guide : Ch. Turc.)

Glacier des Écrins. — Se déprime un peu. (5 août.
Chr. Turc.)

Glacier de la Momie. — Augmentation notable. (Guide :
Reymond.)

Glacier des Violettes. — Stationnaire depuis un an.
(Reymond.)

Glacier du sommet du Pelvoux. — Il augmente à sa
partie supérieure vers le couloir Tuckett ; il a descendu
d'environ 10 mètres.

Sa prolongation qui est le Glacier du Clot de l'Homme,
est en augmentation, mais ne peut s'allonger, car son
extrémité se casse pour tomber en avalanche. (Guide :
Reymond.)

Glacier Sans-Nom. — Gonflement général. (Guide :
Reymond.)

Glacier du Sélé. — En pleine croissance sur le pla-

---

[1] Ce terme d'origine germanique étant masculin en allemand,
ne doit pas être mis au féminin en français. Son emploi est dû
au snobisme des alpinistes qui dédaignent le terme français de
« Rimaye » usité en Suisse pour désigner exactement la même
chose.

teau supérieur ; sur le plateau inférieur, il tend à diminuer. (P. Reymond, des Claux.)

Glace vive et crevassée du pied jusque vers le milieu ; plus haut, couvert de vieille neige. (Septembre.
Guide : Paquet.)

3° (*bis*). — MASSIF DU PELVOUX. — CIRQUE DU VÉNÉON.

Le *Glacier de la Pilatte* occupe le fond de la vallée de
la Pilatte. Il est encaissé dès la base et remonte jusqu'à une arête rocheuse que traversent les cols du Sélé,
au Sud-Est, de la Pilatte et des Bans, au Sud. La pente
de ce glacier est régulière de son extrémité inférieure
à un premier plateau. Ce premier plateau est séparé
d'une deuxième plateforme plus élevée par une pente
un peu plus raide que la première. Plus haut, viennent
de grandes pentes qui remontent jusqu'aux cols indiqués
ci-dessus (v. fig. 5, d'après un dessin de J-B. Rodier).

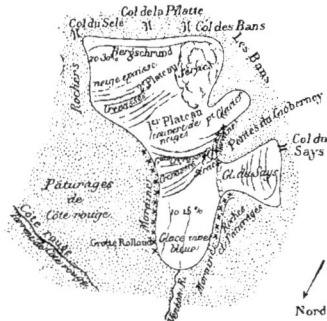

Fig. 5.

Le glacier est généralement recouvert de neige ré-
cente ou vieille, suivant la saison. La moyenne de neige

qui recouvre la glace, surtout dans la partie supérieure, est toujours d'environ 40 centimètres. La partie inférieure du glacier, en revanche, est presque toujours de glace vive ; on n'y remarque ni bandes bleues ni chutes de glace.

Les crevasses sont profondes et nombreuses ; elles présentent une teinte bleue en profondeur. Il y a aussi des sérars. De nombreux filets d'eau sillonnent sa surface vers son extrémité. Il n'y a point de moraine médiane ni de moraine frontale ; les moraines latérales sont bien développées.

Aucun lac à signaler dans le voisinage.

Le glacier recule depuis de longues années ; il continue à se retirer. Au dire des habitants les plus âgés du village de la Bérarde, il atteignait jadis presque le torrent de Côte-Rouge. En tous cas, son front a reculé d'environ 5 mètres. Crevassé, mais pas extraordinairement (J.-B. Rodier, de la Bérarde).

Le 14 septembre, glace vive du pied jusqu'au milieu du glacier ; plus haut, vieille neige tendre. (Paquet, guide.)

Diminution notable. Une grotte s'est formée récemment ; elle a 100 mètres de long et 1 m. 80 de hauteur. (31 août. Guide : Chr. Turc.)

Gonflement sur la partie supérieure. (P. Reymond, des Claux.)

Glacier de la Temple. — Situation actuelle d'après le guide Gaillard, de la Chapelle-en-Valjouffrey. Placé à 3,000 mètres de la Temple, dans un fond de vallée, au pied S.-O. du pic Coolidge. Quelques petites crevasses sur la droite. Dans le haut, une crevasse un peu plus importante. Sérars bleus et pente raide vers le haut.

Dans la partie Nord (Allée-Froide), le glacier descend par une cheminée assez pierreuse (neige molle) et forme un glacier de 500 à 550 mètres de longueur, allongé dans la vallée et se terminant à la source du torrent des Écrins. Séracs ; glace crevassée, assez pierreuse ; dans le bas, on observe des bandes boueuses. Pente douce dans le bas.

Grandes moraines au bout du glacier. Stationnaire. (20 septembre. Guide : Ch. Turc.)

Glacier de la Bonne-Pierre. — Ce glacier, très étroit, surtout dans sa partie inférieure, est très encaissé. On remarque dans sa portion terminale trois moraines latérales dont l'une (riveraine), qui semble très ancienne, est gazonnée en aval et dans le prolongement de la pyramide du Refuge. La surface du glacier

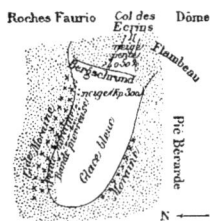

(Fig. 6, d'après un dessin de J.-B. Rodier.)

est inclinée d'environ 8 à 10 centimètres par mètre. Des sources jaillissent entre le Refuge et la grande moraine. Le glacier est en décroissance depuis environ vingt ou trente ans. (J.-B. Rodier, de la Bérarde.)

Le *Glacier du Chardon* est encaissé au fond de la vallée de Clot-Châtel et très allongé. Il est alimenté

par le glacier des Rouïes au Sud-Ouest et par la branche du glacier qui remonte au Sud-Est jusqu'au col du
Chardon.

La partie inférieure du glacier est recouverte de pierres plus ou moins grosses ; au pied du glacier jaillit le
torrent du Clot-Châtel, dit torrent du Chardon. De la
partie inférieure au fond, la pente est très douce (environ 10 centimètres par mètre). Il n'y a aucune grotte
remarquable à signaler, mais sa surface présente quelques moulins dans lesquels s'engouffrent les ruisseaux
de la surface.

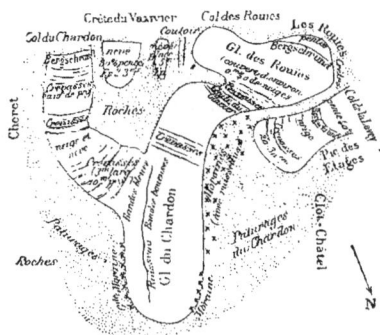

(Fig. 7, d'après un dessin de J.-B. Rodier.)

Il n'existe pas de lac dans le voisinage. Quelques
ruisseaux venant des cimes du Chardon tombent dans
le glacier. Le glacier du Chardon se termine en ligne
droite, à sa partie inférieure au Nord-Ouest de la cime
de Chéret. Il est en décroissance depuis trente années
environ (J.-B. Rodier, de la Bérarde).

Diminution très sensible. Deux grottes, de 15 mètres
de longueur et 1 m. 50 de hauteur environ, se sont
ouvertes récemment. (7 septembre. Guide : Ch. Turc.)

4° Massif du Pelvoux. — Région du Sud
et du Sud-Ouest.

Petit glacier de la Grande-Aiguille. — Se déprime un
peu. (Chr. Turc, guide ; 7 août.)

Glacier de l'Olan. — Recul d'environ 350 mètres
depuis quarante ans. En pente douce (Fr. Bernard,
guide).

Glacier du Fond de Turbat. — Son niveau a baissé
d'environ 100 mètres dequis quarante ans. (Fr. Bernard, guide.)

Glacier du Grand Vallon Turbat. — État actuel d'a-
près le guide P. Gaillard, de la Chapelle-en-Valjouffrey : Situé sur un plateau circulaire. Très peu crevassé ;
formé dans le haut de neige dure et de névés minces,
avec un peu de glace. Largeur environ 20 mètres,
source dans le bas. Pente moyenne s'accentuant dans
le haut. Très peu de moraines dans le bas. Alimente
un très petit lac dans le fond de la vallée de Turbat, le
lac Lallevé. Raccourcissement observé : 10 mètres.

Glacier du Grand-Vallon. — Recul d'environ 300
mètres, depuis quarante ans ; dans le même temps son
niveau a baissé de 100 mètres. La moitié de ce glacier
est en pente douce, et l'autre à peu près horizontale.
(Fr. Bernard, guide.)

Glacier de la Haute-Pisse. — Recul de 350 mètres
depuis quarante ans ; dans le même temps son niveau
a baissé d'environ 10 mètres. En pente douce. (Fr.
Bernard, du Désert-en-Valjouffrey.)

Glacier des Marmes (ou de coin Charnier).— Situation actuelle d'après le guide Gaillard, de la Chapelle-en-Valjouffrey : Large, non crevassé ; dans le bas une source avec une petite cascade. Moraines ordinaires ; moraine frontale nette, pente moyenne ; rétrécissement : 25 à 30 mètres. État stationnaire.

Glacier de la Brèche de Valsenestre. — Situation actuelle d'après le guide P. Gaillard, de la Chapelle-en-Valjouffrey : du côté du lac Lauvitel, il s'allonge sur un plateau. Il n'est pas crevassé. Le commencement du glacier est à 25 mètres de la brèche : largeur 150 mètres, longueur 150 mètres. Il y a des moraines. Le lac Lauvitel est voisin d'un glacier d'où sort un torrent. État stationnaire.

5° MASSIF DU PELVOUX. — RÉGION NORD-EST.

Le guide Galland, du Casset, a remarqué que, dans sa région, les glaciers sont fortement en diminution et deviennent beaucoup plus accidentés.

Glacier de Séguret-Foran. — En diminution. La moraine latérale se découvre. (Guide : Reymond, des Claux.)

6° RIVE DROITE DE LA ROMANCHE.

Glacier du Goléon. — Stationnaire. (10 août. Guide : Chr. Turc).

Le *Glacier Lombard* a, depuis 1878, diminué de 3 m. 30 dans sa partie Nord, à la base de l'Aiguille de la Saussaz, et il s'est beaucoup crevassé. Dans sa partie inférieure, il s'est retiré de 200 mètres et son niveau a baissé de 11 mètres. Dans sa partie supérieure, la diminution est bien moins sensible. (Guide : Émile Pic, de la Grave.)

Nous avons visité ce glacier en août en compagnie du guide Emile Pic et de M. P. Pons.

Il possède une ancienne moraine riveraine d'une grande importance, ce qui donne la mesure de son ancienne extension. On remarque aussi une petite moraine frontale de 8 à 10 mètres d'épaisseur.

La surface présente de petites crevasses transversales, en courbe à convexité dirigée vers l'extrémité inférieure du glacier. Ces crevasses, d'une largeur de quelques centimètres à peine, se ressoudent vers le bas. Dans le haut du glacier, elles sont plus importantes et accompagnées de quelques séracs. Des crevasses *radiales* croisent les crevasses *transversales* dans la partie inférieure du glacier.

De nombreux blocs épars, ainsi que des impuretés enfoncées dans la glace (par suite de la fusion), se font également remarquer.

La pente est assez douce dans la partie moyenne et s'accentue en un talus assez raide vers l'extrémité.

D'après Emile Pic, le glacier Lombard a beaucoup reculé ; il y a dix ans environ, il s'étendait jusqu'à l'extrémité d'un escarpement de schistes noirs, et atteignait une petite cascade qui se trouve en cet endroit. Il a donc reculé d'environ 150 mètres à 200 mètres. Depuis l'an passé, le recul a été de quelques mètres.

L'examen des blocs et moraines met en évidence d'une façon frappante cette rapide diminution du glacier. On voit aussi que le niveau de la glace a considérablement baissé ; des rochers autrefois invisibles sont actuellement pleinement découverts.

7° MASSIF DES GRANDES-ROUSSES.

Glacier des Rousses. — S'est beaucoup retiré depuis une année. (Fr. Michel, guide d'Allemont, 11 août[1].)

Glacier des Quirlies. — En voie de recul ; il se retire en laissant à son front des moraines. (11 août. Fr. Michel.)

Glacier de Saint-Sorlin. — La grande crevasse s'accentue. (Fr. Michel.)

8° DIVERS

Glacier du Dévoluy. — D'après le guide Fr. Bernard, du Désert-en-Valjouffrey, ce glacier s'est retiré d'environ 300 mètres depuis quarante ans. Son niveau a baissé d'environ 100 mètres.

9° HAUTE-UBAYE ET BASSES-ALPES.

M. F. Arnaud, de Barcelonnette, s'est déclaré tout disposé à mettre en observation les quelques petits

---

[1] D'après le prince R. Bonaparte, il aurait au contraire des tendances à avancer (V. plus bas).

glaciers des Basses-Alpes. *Glacier du Grand-Rubren,*
à 48 kilomètres de Barcelonnette, *glacier de Marinet,*
à 35 kilomètres de cette ville, et petit glacier (ou plutôt
névé de la Blanche), à 30 kilomètres environ, (16 kilomètres à vol d'oiseau) au Sud-Ouest, dans la vallée du
Lavercq.

Notre confrère fera son possible pour trouver à Maurin et au Lavercq des hommes de bonne volonté dis-
posés à exécuter le repérage.

M. André Antoine, de Combe-Brémond, près Maurin, nous communique les indications suivantes :

« *Les glaciers de Marinet* sont à une altitude comprise entre 2,700 et 3,400 mètres. La partie moyenne
forme quelques grands plateaux à inclinaison douce,
la partie inférieure est en pente, et à tel point recouverte de débris de pierres qu'en certains endroits il est
difficile de reconnaître le glacier des anciennes moraines. La partie supérieure est en pente très accentuée
et est séparée de la partie moyenne par une grande
crevasse transversale qui, d'après des renseignements
que j'ai pris, a environ 2 mètres de large. Les eaux
qui coulent en été en grande quantité à la surface du
glacier, s'infiltrent dans la moraine et il n'en sort
qu'une petite quantité dans le bas ».

« Quelques petits lacs aux alentours, dont un n'est
alimenté par aucun ruisseau et n'a aucun débouché visible. La carte d'État-major dressée en 1855 en signale
trois dans le bas-fond de Marinet. L'un existe encore,
un autre a disparu comblé par la moraine, et un troisième est comblé à moitié ; ceux-ci sont alimentés par
l'eau qui sort des moraines et donne naissance au torrent de Marinet. »

M. André Antoine signale sur ce glacier un bloc
énorme de quartzite poli à patine roussâtre, qui paraît
avoir été transporté par le glacier.

« On fournira l'été prochain des documents plus détaillés et plus précis.

« Outre les *glaciers de Chillol et de Chauvet* qui
tiennent à ceux de Marinet (c'est l'aiguille de Chambeyron (3,400 mètres d'altitude) qui limite les glaciers
de Chillol), il y a un *glacier suspendu* qu'on aperçoit
du col de Girardin ; je n'ai jamais été près de ce glacier suspendu ; il doit être entre 3,000 et 3,400 mètres
d'altitude. Il existe aussi un *glacier* sur la face Nord du
Grand-Rubren (vallon du Loup-Longet), tres en pente,
mais je ne le connais pas assez pour vous donner des
renseignements. Il est beaucoup moins étendu que
celui de Marinet. »

Résumé.

Sur 34 glaciers observés, 27 l'ont été comparative-
ment à leur état antérieur [1].

Sur ces 27 glaciers : 13 *reculent*, 7 sont *stationnaires*,
7 *avancent*.

Ajoutons qu'en ce qui concerne ceux d'entre ces
glaciers qui ont été étudiés également en 1891-92 par
le prince R. Bonaparte, nos renseignements concordent en général avec ceux qu'a publiés cet auteur.

On voit que malgré le mouvement rétrograde qui
continue pour un grand nombre de glaciers, la *crois-*

[1] La plupart de ces glaciers ne sont pas ceux sur lesquels ont
porté les recherches du prince R. Bonaparte.

sance d'une partie de nos appareils glaciaires, signalée depuis quelques années, se manifeste toujours et il y a lieu de croire qu'elle s'accentuera encore.

A ces données, somme toute assez satisfaisantes pour une première année de fonctionnement d'un service à peine organisé, nous joignons, comme par le passé, un extrait des observations précieuses et multipliées que le prince Roland Bonaparte fait paraître depuis quelques années dans l'*Annuaire du Club Alpin français,* sous le titre : « Les variations périodiques des glaciers français », en nous limitant, cette année, à ce qui a trait au Dauphiné [1].

---

[1] Voir l'extrait en question dans l'*Annuaire de la Société des Touristes du Dauphiné,* t. XVIII, p. 268.

1893-94.

Par suite de circonstances particulières, il n'a été publié en 1893-94 (*Annuaire*, t. XIX), qu'un aperçu très succinct des travaux exécutés et des renseignements recueillis par la Société sur l'état des glaciers du Dauphiné.

On signale dans ce rapport sommaire les faits suivants :

1º Rareté déplorable des renseignements fournis volontairement par les touristes ;

2º Établissement de repères, croix vertes ; plantages de piquets ; mesures effectuées aux frais de la Société par des guides désignés par le Conseil d'administration, savoir :

Émile Pic, à la Grave : glaciers de la Meije, du Rateau, du Vallon, du Lac et glacier Lombard.

J.-B. Rodier, à la Bérarde : glaciers du Chardon, de la Pilatte et de la Bonne-Pierre.

Gaillard, de Valsenestre, (observations seulement) : glaciers des Sellettes, de l'Aiguille d'Olan, de la Haute-Pisse et de la Mariande.

Boy (du Monestier) : glaciers de Séguret-Foran, du Monestier, du Pré-des-Fonds et du Casset.

P. Étienne et Barnéoud (de Ville-Vallouise) : glaciers du Sélé, de Séguret-Foran, glaciers Blanc et Noir.

(Le détail de ces résultats a été groupé avec les observations de l'année suivante dans l'Annuaire nº 20). (V. le rapport ci-après.)

3º Observations sur le glacier de Marinet (Basses-Alpes), par *MM. Kilian* et *André Antoine.*

6

1894-95.

RAPPORT SUR LES OBSERVATIONS GLACIOLOGIQUES
FAITES SOUS LE PATRONAGE DE LA SOCIÉTÉ DES TOU-
RISTES DU DAUPHINÉ EN 1893 ET 1894-95 (*Annuaire
de la S. T. D.*, tome XX).

Des circonstances particulières nous ayant empêché
de publier *in extenso*, en 1894, les matériaux réunis par
la Société des Touristes du Dauphiné dans l'enquête
qu'elle poursuit sur les variations des glaciers du Dauphiné et sur l'enneigement de nos montagnes, nous
faisons figurer dans le présent rapport tous les documents qui nous sont parvenus sur ce sujet depuis le
commencement de l'hiver 1893-94 jusqu'au printemps
de l'année 1895.

On verra par le nombre des observations recueillies
que, si les occupations du rapporteur ne lui permettent pas de se vouer à une étude spéciale et approfondie de ces questions, et s'il n'a pas, à son grand regret,
trouvé au sein de la Société de collaborateurs compétents pour la mise en œuvre des documents, il y a tout
lieu cependant de se féliciter sur les résultats obtenus.
Nos guides, stimulés par les sacrifices que s'est imposés la Société, ont exécuté des travaux qui permettront désormais de se rendre un compte exact des variations de nos glaciers, et l'administration militaire[1] a

---

[1] État-major du XIVe corps d'armée. — Nous prions M. le
général Voisin de bien vouloir accepter la vive gratitude de la

continué, comme par le passé, à nous fournir avec une libéralité dont nous ne saurions trop la remercier, toutes les données météorologiques recueillies dans les postes d'hiver de la frontière alpine.

Nous présentons dans ce rapport, en lui donnant une forme statistique, la réunion de tous ces documents ; nous en avons dégagé un certain nombre de conclusions. Cependant nous laissons à d'autres plus compétents, et surtout aux glaciologistes de l'avenir, le soin de tirer de cette statistique tous les enseignements qu'elle comporte, notre rôle se bornant ici à coordonner et à rendre accessibles, en les publiant, les utiles et nombreux renseignements centralisés par la Société des Touristes du Dauphiné.

M. le docteur Bordier a bien voulu attirer sur nos études l'attention des membres de la Société Dauphinoise d'Anthropologie et les inviter à contribuer, par des observations personnelles, à la connaissance de nos appareils glaciaires et de l'enneignement des Alpes. (V. *Bull. Soc. dauph. d'Anthr.*, t. II, nº 1, avril 1895). Nous remercions M. le docteur Bordier d'avoir tenté de susciter dans le public éclairé du pays une collaboration que, depuis quelques années, nous avons vainement essayé d'obtenir des alpinistes pourtant si à même d'observer les phénomènes glaciologiques, et nous souhaitons vivement que son appel soit non seulement entendu, mais écouté.

Une décision importante a été prise au *Congrès*

Société des Touristes du Dauphiné dont il a si efficacement facilité les recherches en lui communiquant une importante série de documents météorologiques.

géologique international de Zurich, au sujet de l'étude
des glaciers et de leurs variations. La section de géologie générale ayant proposé sur l'avis de MM. Forel,
Marshall Hall et du prince Roland Bonaparte, la création d'une COMMISSION INTERNATIONALE DE L'ÉTUDE DES
GLACIERS, le Conseil du Congrès a définitivement adopté
cette motion. Cette Commission internationale, dès à
présent nommée, est chargée de provoquer et de gé-
néraliser les études sur les variations de grandeur des
glaciers.

Elle se compose de :

Autriche : M. E. Richter, de Graz ;

· *Allemagne :* M. Finsterwalder, de Munich ;

Danemark. Docteur R.-J.-V. Steenstrup, Copenhague ;

États-Unis : Docteur Harry Fielding Reid, Baltimore ;

France : Le prince Roland Bonaparte, Paris ;

Grande-Bretagne : Captain Marshall Hall, Dorset ;

Le représentant de l'*Italie* sera désigné plus tard.

Norwège : Docteur A. Ojen, Christiania ;

Russie : Professeur Ivan Mouchketow, Saint-Pétersbourg ;

Suède : Docteur F.-U. Svenonins, Stockholm ;

Suisse : F.-A. Forel, Morges, et L. du Pasquier,
Neuchâtel.

La Commission fera son rapport à la prochaine session du Congrès géologique international.

M. le prince Roland Bonaparte a offert de prendre à
sa charge tous les frais occasionnés par le fonctionnement de l'institution nouvelle.

Cette utile création donnera, nous l'espérons fermement, des résultats d'autant plus importants qu'ils auront plus de généralité, ayant pour base des documents recueillis sur le globe entier et dont un grand nombre risqueraient fort, sans cela, de disparaître dans la masse toujours croissante des publications scientifiques.

En ce qui nous concerne, nous voyons là un puissant encouragement, assurés désormais que les efforts de la Société des Touristes ne seront pas perdus, et que les quelques données recueillies chaque année par elle viendront grossir la moisson de faits intéressants que ne peut manquer de voir affluer la Commission internationale des glaciers.

Les encouragements ne nous font, du reste, pas défaut depuis quelque temps ; la plupart viennent de l'étranger.

M. le professeur *Forel* a bien voulu, dans son quatorzième rapport sur les variations périodiques des glaciers des Alpes (1893), mentionner avec éloges les travaux exécutés sous le patronage de notre Société.

Nous trouvons dans l'*Annuaire du Club Alpin suisse* (t. XXIX, 1893-94, p. 359), une mention concernant les articles glaciologiques parus dans notre Annuaire.

M. le professeur *Brückner*, de Berne, a consacré de son côté, une note (Meteorologische Zeitschrift, mars 1895) flatteuse et très encourageante aux documents sur l'enneigement et les températures dans les postes d'hiver que nous avons publiés ici même.

Enfin, M. le professeur *A. Penck,* de l'Université de Vienne, dont les travaux sur les glaciers anciens et actuels ont eu un grand retentissement, nous a félicité à plusieurs reprises sur le même sujet et a exprimé l'espoir de voir la Société des Touristes continuer son enquête, si précieuse pour la science, sur le climat des parties élevées de nos Alpes et sur nos glaciers.

Ajoutons que M. *H. Fielding Reid,* bien connu par ses belles recherches sur les glaciers de l'Alaska, s'est servi en partie de nos instructions (parues dans l'Annuaire de la S. T. D., en 1891), pour rédiger ses « Variations of Glaciers » (*Journ. of Geology,* t. III, n° 3, avril-mai 1895, Chicago), qui contiennent un intéressant résumé glaciologique et l'exposé de la méthode à suivre dans l'étude des glaciers actuels.

Enfin, nous devons à MM. *François Arnaud,* de Barcelonnette, et *André Antoine,* de Maurin (Basses-Alpes), une série de renseignements pour lesquels nous tenons à leur exprimer publiquement notre vive reconnaissance.

On se rappelle qu'en 1892, nous avions fait parvenir les instructions suivantes à quelques guides de notre région :

1° *Extrémité ou front du glacier.* — Quand la neige de l'hiver a fondu, marquer sur les blocs voisins de l'extrémité du glacier et sur le rocher à droite et à gauche, en couleur verte, plusieurs repères en alignement sur le front du glacier.

A la fin de l'été faire la même opération pour le point où se termine la glace à ce moment.

Évaluer la distance des deux lignes de repères. Recommencer chaque année.

2° *Partie moyenne du glacier.* — Quand le glacier est découvert, placer sur le rocher, de chaque côté du glacier, des repères en couleur verte et, en alignement avec ces derniers, placer en ligne droite sur le glacier des pieux ou des blocs portant des repères.

Revenir à la fin de la saison et noter la position qu'ont prise les blocs ou les pieux. Recommencer chaque année, au commencement et à la fin de l'été.

On trouvera plus loin les observations faites, suivant ces instructions, à partir du printemps 1893.

Les guides choisis pour l'exécution de ces travaux sont :

Émile Pic, guide de 1re classe, à La Grave (Hautes-Alpes) (glaciers de la Meije, du Rateau, du Vallon et du Lac, glacier Lombard) ;

J.-B. Rodier fils, guide de 1re classe, à La Bérarde (Isère) (glaciers du Chardon, de la Pilatte, de la Bonne-Pierre) ;

Pierre Gaillard, guide à la Chapelle-en-Valjouffrey (Isère) (glaciers des Sellettes, de l'Aiguille d'Olan, de la Haute-Pisse, de la Mariande) ;

J.-J. Boy, guide à Monêtier-les-Bains (Hautes-Alpes) (glaciers de Séguret-Foran, du Monêtier, du Pré-des-Fonds et du Casset) ;

P. Estienne et Barnéoud, guides à Pelvoux (La Pisse) et aux Claux (Hautes-Alpes), (glaciers du Sélé, de Séguret-Foran, Glacier Blanc, Glacier Noir).

Durant l'année qui vient de s'écouler, les guides chargés de l'observation des glaciers ont continué leur travail, grâce à des subventions votées par le Bureau de la Société. Voici les résultats obtenus par eux et que nous avons réunis à ceux de 1893.

Il est aisé de remarquer que ces travaux ont été exécutés d'une façon assez inégale et que, si plusieurs observateurs ont donné des indications que l'on pourrait désirer plus complètes, deux d'entre eux, *J.-B. Rodier* et *Émile Pic,* ne méritent, en revanche, pour la façon intelligente dont ils se sont acquittés de leur tâche, que des éloges et des félicitations.

On se souvient, du reste, de l'utile collaboration que ces deux guides nous ont fournie en 1892 et 1893.

Observations faites par Émile Pic, guide de 1re classe, à La Grave (Hautes-Alpes).

GLACIER LOMBARD.

Printemps (16 juin) 1893.

De R° au glacier.........		23^m 00
De r_1	—	3^m 00
De r_2	—	8^m 00
De R°	—	20^m 00

Automne (16 novembre) 1893.

De R° au point de repère R'...			40^m 00
De r_1	—	r^1...	6^m 00
De r_2	—	r^2...	20^m 00
De R°	—	R'...	27^m 00

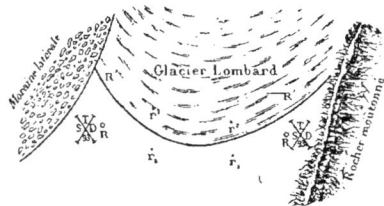

(Fig. 8, d'après un dessin d'Émile Pic.)

Nota. — Le glacier Lombard a beaucoup changé, et, dans le milieu des sérocs au pied des Aiguilles de la Saussaz, il paraît du rocher. L'écoulement des eaux, très rapide, forme des « moulins ».

Printemps (18 juin) 1894.

De R′ au glacier.........	2ᵐ 00
De r¹ —	1ᵐ 50
De r² —	3ᵐ 00
De R′ —	4ᵐ 00

Automne (20 octobre) 1894.

De R′ au glacier	4ᵐ 00
De r¹ —	2ᵐ 50
De r² —	3ᵐ 50
De R′ —	5ᵐ 50

Nota. — L'écoulement des eaux est assez rapide sur le glacier. Ce dernier diminue d'épaisseur ; le front du glacier est recouvert d'une couche de débris de schiste.

Résumé.

Modifications estivales de 1893 : Décrue de 3 à 17 mètres, suivant les points observés.

Modifications estivales de 1894 : Décrue irrégulière et faible (de 0 m. 50 à 2 mètres).

Modifications de 1893 à 1894 : *Décrue* (d'environ 40 mètres) ; plus forte sur les bords.

7

GLACIER DE LA MEIJE[1].

Printemps (12 juin) 1893.

Distances mesurées des points de repère R^0, r_1, r_2, r_3, etc., placés à une certaine distance *en avant* du front du glacier :

De R^0 au glacier	....	20^m00
De r_1 —	....	7^m00
De r_2 —	....	3^m60
De r_3 —	....	6^m00
De r_4 —	....	5^m00
De r_5 —	....	25^m00[2]
De r_6 —	....	0^m00
De R^0 —	....	12^m00

Automne[3] (12 novembre) 1893.

Distances mesurées (les nouveaux repères r^1, r^2, r^3, R^1 ont été placés sur le front du glacier) :

De r_1 à r^1	....	13^m00
De r_2 à r^2	....	17^m00
De r_3 à r^3	....	10^m70

[1] Ces détails sont accompagnés d'une photographie de la partie inférieure du glacier de la Meije, par A. Kilian (*Annuaire*, t. XX).

[2] Le chiffre de 25 mètres ne s'explique pas ; il doit y avoir erreur ou déplacement du repère.

[3] Les repères r^1, r^2, r^3, etc., sont établis au front du glacier, là où il est arrivé à la fin de l'été. La différence entre les chiffres du printemps (de r_1 au glacier, etc.) et ceux de l'automne (de r_1 à r^1, etc.) indique donc le recul ou la crue qu'a subi le glacier pendant la période d'été.

De r_4 à r^4.................... $9^m\,70$
De r_5 à r^5.................... $2^m\,00$
De r_6 à r^6.................... $10^m\,00$
De R à R[1].................. $1^m\,30$

Entre r^4 et r^5 il s'est formé une grotte qui a 15 mètres de longueur sur 10 mètres de largeur et 2 mètres de hauteur; au milieu de la voûte, on observe une cascade issue de la base du glacier. En face du point de repère r^6, il y a un assez grand changement; le glacier présente quatre chutes de glace (v. fig. 9). De la neige cette année.

Glacier des Enfetchores. — Chute de glace de 12 mètres de hauteur.

GLACIER DE LA MEIJE.

Printemps (15 juin) 1894.

Distances mesurées :

De [1] r^1 au glacier................. $1^m\,00$
De r^2 — .... $1^m\,10$
De r^3 — .... $2^m\,00$
(petite grotte nouvelle).
De r^4 — .... $3^m\,00$
De r^5 — .... $4^m\,00$
De r^5 *bis* — (nouveau point de repère).. $5^m\,00$
De r^6 — .... $4^m\,00$
De R — .. .. $0^m\,00$

[1] Ces repères sont ceux du front du glacier en automne 1893.

Fig. 9.

Schéma des Glaciers de la Meije en 1893, d'après Émile Pic.

Automne (15 octobre) 1894.

Distances mesurées :

De [1] r¹ au glacier................. 2ᵐ 10

De r² ← 1ᵐ 30

De r³ — 2ᵐ 15

(petite grotte nouvelle).

[1] Ces repères sont ceux du front du glacier en automne 1893.

De r^4 au glacier		7^m 00
De r^5	—	8^m 00
De r^5 *bis*	—	2^m 00
De r^6	—	2^m 00
De R	—	0^m 00

Nota. — Il existe deux grottes au glacier de la Meije : la petite grotte, qui s'est formée cette année, a 2 mètres de largeur, 75 centimètres de hauteur et 3 m. 50 de longueur.

La grotte qui existait en 1893 est plus grande : elle a 12 mètres de largeur, 8 mètres de hauteur et 14 mètres de longueur. La cascade existe toujours, les chutes de glace diminuent ainsi que les chutes supérieures, il n'existe point de renflement.

La chute du glacier des Enfetchores augmente toujours.

Nous avons donc, pour le glacier de la Meije, les modifications suivantes :

Modifications pendant l'été 1893 (du 12 juin au 12 novembre) : Recul notable (jusqu'à 13 mètres dans la partie est ; crue dans la partie ouest).

Modifications pendant l'été 1894 (du 15 juin au 15 octobre) : Recul de 1 à 4 mètres dans la partie est ; légère crue dans la partie ouest.

Modifications de l'année 1893 à l'année 1894 : Du printemps 1893 au printemps 1894, *décrue* sauf sur le bord ouest.

De l'automne 1893 à l'automne 1894, *décrue* sauf sur la partie ouest.

Glacier du Rateau [1].

1893.

Printemps (13 juin) 1893.

De R° au glacier	....	12^m 00
De r_1	—	....	5^m 00
De r_2	—	....	0^m 00
De R°	—	....	5^m 00

Automne (13 novembre) 1893.

De R° au point de repère R^1	......	7^m 00
De r_1	—	r^1........	7^m 00
De r_2	—	r^2........	2^m 00
De R°	—	R^1........	5^m 00

Le glacier s'est beaucoup crevassé.

1894.

Printemps (15 juin) 1894.

De R° au glacier	....	0^m 00
De r_1	—	....	0^m 75
De r_2	—	....	2^m 00
De R°	—	....	1^m 30

Automne (15 octobre) 1894.

De R° au glacier	......	1^m 20 (grotte nouvelle).
De r_1	—	......	1^m 00
De r_2	—	......	4^m 00
De R°	—	......	3^m 00

[1] Détails accompagnés dans l'*Annuaire*, t. XX, d'une photographie de l'état des glaciers du Vallon et du Râteau en août 1894 (Cl. A. Kilian).

Il existe une petite grotte qui s'est formée cette année au glacier du Râteau, elle a 1 m. 70 de largeur, 0 m. 70 de hauteur et 2 m. 50 de longueur. Le glacier est toujours très mouvementé et très crevassé dans son bassin.

Le glacier a donc reculé pendant l'été de 1894, d'environ 1 m. 50 en moyenne ; ce mouvement est plus sensible dans la partie ouest du glacier.

Modification estivale de 1893 (13 juin-13 novembre) : Simples changements de forme (crue dans la partie Est).

Modification estivale de 1894 (15 juin-15 octobre) : Décrue de 1 à 2 mètres.

Modication de 1893 à 1894 (automne à automne) : *Crue* locale dans la partie est ; *décrue* dans la portion ouest.

GLACIER DU VALLON.

Mesures prises par Émile Pic au printemps.

(14 juin) 1893.

Du repère R° au glacier............			4^m 00
—	r_1	—	0^m 00
—	r_2	—	2^m 00
—	R_0	—	3^m 00

Mesures prises en automne (14 novembre) 1893.

Du repère R° au repère R'..........			2^m 00
—	r_1	— r^1..........	1^m 00
—	r_2	— r^2..........	3^m 00
—	R_0	— R'..........	3^m 00

Printemps (16 juin) 1894.

De R′ au glacier..............	3^m 00
De r^1 —	4^m 00
De r^2 —	3^m 00
De r^3 (nouveau point).............	5^m 00
De r^4 —	7^m 00
De r^5 —	6^m 00
De R′ —	4^m 00

Automne (16 octobre) 1894.

De R′ au glacier.................	5^m 00
De r^1 —	4^m 00
De r^2 —	5^m 00
De r^3 —	6^m 00
De r^4 —	5^m 00
De r^5 —	6^m 00
De R′ —	4^m 00

Le glacier du Vallon a beaucoup changé, il a beaucoup reculé, et il existe une chute de séracs et une grotte ; la grotte se trouve à la chute des séracs et a environ 10 mètres de largeur, 10 mètres de hauteur et 12 mètres de profondeur.

D'où l'on déduit :

Modification estivale de 1893 (14 juin-14 novembre) : Simple modification de forme (crue dans la partie est).

Modification estivale de 1894 (16 juin-16 octobre) : Simples modifications de forme.

Modifications de 1893 à 1894 : Décrue accentuée (de 2 à 3 mètres suivant les points).

Glacier du Lac.

Mesures prises par Ém. Pic au printemps

(15 juin) 1893.

Du repère R° au glacier			....	10^m 00
—	r_1	—	....	3^m 00
—	r_2	—	....	0^m 00
—	r_3	—	....	2^m 00
—	r_4	—	....	3^m 00
—	R°	—	....	5^m 00

Mesures prises en automne (15 novembre) 1893.

Du repère R° au repère R′			....	4^m 00
—	r_1	—	r^1	2^m 00
—	r_2	—	r^2	1^m 50
—	r_3	—	r^3	2^m 00
—	r_4	—	r^4	1^m 40
—	R°	—	R′	3^m 00

Printemps (17 juin) 1894.

De R′ au glacier		....	1^m 10
De r^1	—	....	1^m 00
De r^2	—	....	1^m 00
De r^3	—	....	2^m 00
De r^4	—	....	3^m 00
De r^5	—	....	2^m 00
De R′	—	....	3^m 00

Automne (17 octobre) 1894.

De R′ au glacier		....	4^m 00
De r^1	—	....	3^m 50

8

De r^2 au glacier................ 3^m 60

De r^3 —   .... 4^m 00

De r^4 —   .... 3^m 00

De R'   —   .... 4^m 00

Écoulement assez rapide sur sa rive droite ainsi que sur sa rive gauche ; il diminue toujours d'épaisseur.

Il en résulte :

Modification estivale de 1893 : Crue légère et changement de forme (décrue en certains points r^3, r^2).

Modification de 1894 : Décrue très nette.

Modifications de 1893 (automne) à *1894* (automne) : *Décrue* de 3 à 4 mètres.

Tous les glaciers situés sur le versant nord du massif de la Meije sont donc en *décrue* manifeste.

On remarquera aussi un fait intéressant : c'est que ce mouvement est, dans chaque glacier, inégalement accentué suivant que l'on considère la portion est ou la portion ouest.

Ainsi, le glacier du Râteau est en crue dans la partie E., alors qu'il décroît dans sa portion O.

Les modifications estivales ne sont pas moins inégales suivant le côté considéré.

Nous nous sommes rendu, au mois d'août, avec Émile Pic aux glaciers de la Meije, du Râteau et du Vallon et nous avons constaté avec satisfaction que nos instructions et celles de la Société avaient été exactement remplies par ce guide.

Au glacier de la Meije, nous avons fait les remarques suivantes :

Le long du front du glacier, la série des repères est

bien visible ; nous les avons visités un à un et examiné plus spécialement ceux qui ont été placés en 1894. Nous avons choisi à la base du rocher des Enfetchores l'emplacement où Pic doit faire une incision et poser un signe à la couleur verte ; ce point sera infailliblement, s'il se produit une crue, masqué par la glace et constitue un repère important. Nous remarquons aussi dans la partie moyenne du glacier deux petits affleurements de rochers dont le recouvrement serait un indice certain de crue. Le recul est évident ; les rochers qui affleurent à la chute du glacier sont plus découverts que l'an passé. Ce recul est particulièrement marqué entre les deux Enfetchores. Les séracs s'effondrent près du sommet des Enfetchores.

La surface du glacier est, dans sa partie inférieure, couverte de moraines. Un gros bloc pointé par Pic en 1893, est descendu de 3^m, 35. Les moraines latérales et frontales sont bien développées.

La *grotte du front* du glacier s'est beaucoup agrandie : son entrée a reculé et de sa voûte se détachent fréquemment de gros blocs. Au fond, le béton glaciaire (*moraine profonde ou de fond*) apparaît nettement.

On remarque des *crevasses* radiales sur les bords du glacier, certaines d'entre elles sont très profondes ; les « moulins » sont nombreux.

Autrefois, le glacier du Râteau se confondait, dans sa partie inférieure, avec celui de la Meije ; actuellement, ce ne sont que leurs moraines qui se touchent.

Ajoutons que, depuis cinq ans, le confluent des glaciers du Râteau et du Vallon s'est, d'après Émile Pic, considérablement réduit.

· Le glacier du Râteau présente, dans sa partie frontale, des bandes boueuses très nettes ; il y a eu récemment là un effondrement assez important. Les séracs ont diminué dans le haut du glacier. Ses moraines latérales et frontales sont bien dessinées.

Il nous a été possible de prendre deux vues photographiques qui serviront à conserver le souvenir de l'état des glaciers de la Meije, du Râteau et du Vallon en 1894 (v. *Annuaire Soc. des Tour. du Dauph.*, t. XX, 1894).

Observations de J. Boy, guide au Monêtier-les-Bains, pendant l'été 1893.

GLACIER DE SÉGURET-FORAN. — Recul....	12^m 80	
— Diminution d'épaisseur....	0^m 70	
GLACIER DU MONÊTIER. — Recul.........	10^m 00	
— Diminution d'épaisseur....	0^m 40	
GLACIER DU PRÉ-DES-FONDS. — Recul......	6^m 00	
GLACIER DU CASSET. — Recul............	15^m 00	
— Diminution d'épaisseur....	1^m 00	

M. P. Termier, professeur à l'École nationale des Mines, a bien voulu visiter les glaciers du Casset et du Monêtier pour y examiner les repères que la Société avait chargé le guide Boy, du Monêtier, d'y placer ; voici ce qu'il nous écrit à ce sujet, le 28 septembre 1894 :

« En montant aux Agneaux avec Émile Pic, j'ai visité « le glacier du Casset. Il n'y a aucune marque de

« la S. T. D., ou, s'il y en a, elles ne sont certaine-
« ment pas à leurs places véritables. Nous n'avons vu,
« dans toute la moraine, qu'une marque du prince
« Roland Bonaparte, déjà ancienne. Le même jour,
« nous sommes descendus par la branche nord du
« glacier du Monêtier. Pas de marque non plus pour
« cette branche, ni sur la moraine, ni sur les rochers
« de la chute terminale où il eût été cependant facile
« et intéressant de marquer le front du glacier. Quant
« à la moraine de la branche sud du même glacier,
« nous ne l'avons atteinte qu'à la nuit, et le fait de n'y
« avoir vu aucune marque ne prouve pas qu'il n'y en
« ait aucune.

« Je suis très affirmatif pour le glacier du Casset et
« pour la branche nord du glacier du Monêtier, parce
« que l'observation a été faite sous ma direction par
« Théophile Pic, qui a une vue absolument extraordi-
« naire[1]. »

En conséquence, la Société a renoncé à la collaboration du guide Boy et a chargé Émile Pic des travaux
concernant les glaciers du Casset et du Monêtier.

Voici ses observations :

Observations au glacier du Monêtier par le guide Émile Pic, de la Grave.

Automne (30 octobre) 1894.

De R (rocher) au glacier............ 0^m 00
De r front du glacier au glacier...... 4^m 00

---

[1] Il a été reconnu depuis que Boy s'était contenté de placer des repères sur le haut du glacier, sans s'occuper de la région frontale.

De r_1 front du glacier au glacier..... 3^m 00

De r_2 —   ..... 0^m 00

De r_3 —   ..... 8^m 00

De r_4 —   ..... 7^m 00

De R (rocher..................... 0^m 00

Le glacier du Monestier a beaucoup changé depuis cinq ans, il a reculé au moins de 50 mètres ; il est très tourmenté et très crevassé.

(Reconnu de passage avec M. Termier.)

Observations au glacier du Casset, par le guide Émile Pic, de la Grave.

Automne (29 octobre) 1894.

De R^o (rocher) au glacier)..... 10^m 00

De r —   ..... 12^m 00

De r_1 —   ..... 12^m 00

De r_2 —   ..... 14^m 00

De r_3 —   ..... 10^m 00

De R^o —   ..... 0^m 00

Le glacier du Casset est très tourmenté et il a des chutes de séracs jusqu'à son plateau ; il est très crevassé à la base. (Reconnu de passage avec M. Termier.)

Observations de P. Estienne et Barnéoud, guides de Pelvoux et des Claux (Hautes-Alpes).

GLACIER DU SÉGURET-FORAN.

Printemps (25 juin) 1893.

1° Ce glacier était en 1850 où il est actuellement ; en 1870, il touchait le lac. (Sa crue, de 1850 à 1870, a donc été de 280 mètres.) Il s'est retiré depuis 1870 de cette même distance.

Actuellement : 2 moraines longitudinales de 1,500 mètres; plateau supérieur étalé, base encaissée.

Posé 3 repères : droit à 24 mètres, gauche à 36 mètres, milieu à 38 mètres du glacier.

Automne (24 octobre) 1893.

Repère droit........   27 mètres du glacier.
—   gauche......   45   —
—   du milieu....   47   —

Il y a par conséquent un recul estival marqué.

Printemps (7 juillet) 1894.

Mesuré au repère gauche une diminution du glacier de 1 m. 60.

Mesuré au repère milieu une diminution du glacier de 2 mètres.

Mesuré au repère droit une diminution du glacier de 2 mètres.

Automne (19 octobre) 1894.

Front.

Mesuré au repère gauche une diminution du glacier de 3 m. 40.

Mesuré au repère du milieu une diminution du glacier de 5 mètres.

Mesuré au repère droit une diminution du glacier de 6 mètres.

Ce glacier abandonne une moraine frontale.

Il s'est produit par conséquent une décrue estivale de 1 m. 30 à 4 mètres.

De 1893 à 1894, le glacier a continué son mouvement de *décrue*.

GLACIER BLANC.

(23 et 24 juin) 1893.

1° Ligne des repères, 500 mètres; distance entre les repères, 80 mètres ;

2° Crevasse : longueur 200 mètres, largeur 3 mètres, profondeur 50 mètres ;

3° Sur la rive gauche, une grotte ;

4° Glacier découvert, sillonné de ruisseaux.

(22 et 23 octobre) 1893.

La ligne des repères a avancé de 20 mètres ;

5° Crevasse du 24 juin ouverte de 5 mètres ;

6° Avancement du front du glacier, 20 mètres.

Période du printemps (4 juillet) 1894.

Avancement du front, 15 mètres.

Avancement du plateau, 60 mètres.

Un gouffre sondé au moyen d'un caillou : il s'est écoulé 12 secondes avant que l'écho nous soit parvenu.

Le glacier est très peu crevassé.

Période d'automne (15 octobre) 1894.

Avancement du front :

Au repère gauche, 5 mètres.

Au repère droit, 4 mètres.

Avancement sur le plateau, 15 mètres.

Le Glacier Blanc est un des rares glaciers du Dauphiné qui soit en *crue manifeste*.

GLACIER NOIR.

Printemps (22 et 23 juin) 1893.

1º Une ligne de repères de 500 mètres de longueur a été établie ;

2º Distance entre les repères, 80 mètres ;

3º Le glacier est encaissé ;

4º Mesuré une crevasse : longueur 500 mètres, largeur 2 mètres, profondeur 35 mètres ;

5º Mesuré une autre crevasse : longueur 250 mètres, largeur 1 mètre, profondeur 20 mètres ;

6º Il existe sur le glacier un gros torrent rentrant et ressortant par intervalles et découpant des entonnoirs ;

7º Le glacier s'est très crevassé depuis l'année dernière ;

8º Observé trois ruisseaux d'alimentation venant de la chaîne des Écrins ; un petit glacier au col de la Grande-Sagne présente une grotte très profonde ;

9º Il y a une moraine longitudinale de 2,000 mètres ;

10º Front du glacier : sur la rive droite il y a un espace de 15 mètres entre le repère et le glacier ;

11º Sur la rive gauche, il y a 10 mètres du repère au glacier.

Automne (21 et 22 octobre) 1893.

1º Un entonnoir de 15 mètres de profondeur et de 1 mètre de largeur dans le fond du glacier ;

2º Front du glacier : rive droite, distance entre le repère et le glacier : 25 mètres au lieu de 15 mètres ;

3° Distance entre le repère gauche et le glacier :
20 mètres au lieu de 10 mètres ;

4° La crevasse de 500 mètres de longueur a maintenant 4 mètres de largeur au lieu de 2 mètres.

Il y a donc eu un *décroissement* notable du glacier pendant l'été.

Été (5 juillet) 1894.

Repère droit : diminution du glacier. 2ᵐ 00
—   front :   —   4ᵐ 00
—   gauche :   —   2ᵐ 00

Plateau stationnaire, crevassé d'une manière qui le rend presque impraticable.

Entonnoir, remarqué l'année dernière, disparu.

Automne (16 octobre) 1894.

Front.

Repère droit : diminution du glacier. 5ᵐ 00
—   milieu :   —   6ᵐ 00
—   gauche: —   4ᵐ 00

Plateau stationnaire, très crevassé.

Le Glacier Noir est donc en *décrue.*

GLACIER DU SÉLÉ.

Été (20 et 21 juin) 1893.

1° Un lac sur la rive droite ;
2° Un torrent d'alimentation ;
3° Le glacier est encaissé;
4° Neige molle, épaisseur : 35 centimètres ;
5° Pente à la ligne des repères : 20 °/₀ ;
6° Un grand plateau vers le pic d'Ailefroide ;
7° Ligne des repères : 600 mètres de longueur ;
8° Distance entre les repères : 100 mètres.

Automne (20 octobre) 1893.

1° Gonflement de 2 mètres sur le plateau des repères ;

2° Avancement du front : 10 mètres.

Été (6 juillet) 1894.

Rive gauche près du front, diminution du glacier,
4 m. 50.

Front, diminution du glacier, 3 mètres.

Plateau stationnaire, peu crevassé.

Automne (17 et 18 octobre) 1894.

Rive gauche près du front, diminution du glacier,
3 mètres.

Front, diminution du glacier, 2 mètres.

Peu crevassé.

**Observations faites par le guide J.-B. Rodier[1] fils,
de la Bérarde.**

Travaux du glacier de la Pilatte.

(28, 29 et 30 juin) 1893.

Front du glacier.

Alignement pris conformément à l'instruction relative à l'étude des glaciers.

Il a été fait une rangée de pierres touchant la glace
sur toute l'étendue du front du glacier. Ces pierres

---

[1] On se rappelle les détails remarquablement précis que ce
guide nous a fournis pour nos précédents rapports.

portent empreinte des numéros r^1, r^2, r^3 r^4, r^5, r^6, r^7, ainsi que les lettres A et B, accompagnées de la croix aux initiales de la Société.

Partie moyenne du glacier.

Alignement pris conforme à l'instruction relative à l'étude des glaciers.

Rive droite : Distance du point de repère A au glacier : 157 m. 80.

Rive gauche : Distance du point de repère B au glacier : 32 m. 70.

Entre les points de repère A et B de cet alignement, il a été fait un alignement presque régulier de pierres, portant les numéros 1, 2, 3, 4, 5, 6, 7, sur toute l'étendue du glacier, du point de repère A au B, et de distance en distance les initiales et la croix.

Les mêmes signes (croix de Saint-André) sont placés sur les rochers de chaque rive du glacier.

(14 octobre) 1893.

Modifications constatées :

Front du glacier.

Rive droite :	r^1 au glacier. Recul constaté.		19^m 00
—	r^2 —	—	14^m 00
—	r^3 —	—	9^m 40
—	r^4 —	—	7^m 60
—	r^5 —	—	15^m 20
—	r^6 —	—	8^m 20
Rive gauche :	r^7 —	—	6^m 20

Partie moyenne du glacier.

Rive droite : Distance du point de repère A au glacier, 163 m. 80 (au lieu de 157 m. 80).

Le n° 1 a été perdu.

—	2 a descendu de....	13^m 00
—	3	—	....	13^m 20
—	4	—	....	14^m 80
—	5	—	....	13^m 00
—	6	—	....	12^m 00
—	7	—	....	1^m 90

Rive gauche : Distance du point de repère B au glacier : 39 mètres (au lieu de 32 m. 70).

Automne 1894.

Front du glacier.

r^1 au glacier, 42 m. 50 (donc recul de 23 m. 50 depuis 1893).

r^2 au glacier, 23 mètres (donc recul de 13 m. 60 depuis 1893).

r^3 au glacier, 30 m. 50 (donc recul de 16 m. 50 depuis 1893).

r^4 au glacier, 14 m. 90 (donc recul de 7 m. 30 depuis 1893).

r^5 au glacier, 25 m. 50 (donc recul de 10 m. 30 depuis 1893).

r^6 au glacier, 17 m. 30 (donc recul de 9 m. 10 depuis 1893).

r^7 au glacier, 13 m. 20 (donc recul de 7 mètres depuis 1893).

Partie moyenne du glacier.

Alignement. — Rive droite du glacier : Distance du point de repère A au glacier, 168 mètres (donc recul de 5 mètres).

Le n° 1 a été perdu l'année 1893, et il ne s'est pas

retrouvé, et le n° 2 a été perdu en 1894. Ces deux numéros ont dû tomber dans une crevasse qui se trouve à quelques mètres en dessous ; la pente s'est montrée plus raide cette année à l'endroit où ils étaient.

Le n° 3 a descendu de 26 m. 50 (donc de 13 m. 30 depuis 1893).

Le n° 4 a descendu de 28 mètres (donc de 13 m. 20 depuis 1893).

Le n° 5 a descendu de 27 mètres (donc de 14 mètres depuis 1893).

Le n° 6 a descendu de 23 m. 50 (donc de 11 m. 50 depuis 1893).

Le n° 7 a descendu de 3 m. 80 (donc de 1 m. 90 depuis 1893).

Rive gauche du glacier : Distance du point de repère B au glacier, 40 m. 50 (donc recul de 1 m. 50 depuis 1893).

En 1893, la décrue estivale a donc été très nette.

De 1893 (automne) à 1894 (automne), on constate une forte *décrue* dans toutes les parties du glacier.

L'étude des alignements de pierres sur le glacier accuse un mouvement de descente plus accentué sur la rive droite.

GLACIER DE LA BONNE-PIERRE.

Été (1er et 2 juillet) 1893.

Front du glacier.

Alignement pris conformément à l'instruction relative à l'étude des glaciers.

Rive droite : Distance du point de repère A (R°) au glacier, 78 mètres.

Distance du n° 1 (r^1) au glacier, 22 mètres.

Distance du n° 2 (r^2) au glacier, 5 m. 50.

Rive gauche : Distance du point de repère B (R°) au glacier, 2 mètres.

Partie moyenne du glacier.

Alignement pris conformément à l'instruction relative à l'étude des glaciers.

Pyramide construite sur la moraine de la rive droite du glacier avec les initiales et la croix ; lettre A.

Rive droite : Distance du point de repère A au glacier, 50 mètres.

Rive gauche : Distance du point de repère B au glacier, 10 mètres environ.

Avalanche.

Partie moyenne : Entre les points de repère A et B, sur toute l'étendue du glacier, il a été construit un alignement presque régulier de pierres, portant empreints les n°s 1, 2, 3, 4, 5, 6, et, de distance en distance, les initiales avec la croix ainsi que sur les deux rives du glacier.

Automne (17 octobre) 1893.

Front du glacier.

Rive droite : Distance du point de repère A (R) au glacier, 82 mètres (au lieu de 78 mètres).

Distance r^1 au glacier, 27 mètres (au lieu de 22 mètres).

Distance r^2 au glacier, 10 mètres (au lieu de 5 m. 50).

Rive gauche : Distance du point de repère B (R) au glacier, 7 mètres (au lieu de 2 mètres).

Il y a donc eu un mouvement de décrue estivale très net.

Partie moyenne du glacier.

Rive droite : Distance du point de repère A au glacier, 57 m. 20 (au lieu de 50 mètres).

Le n° 1 a descendu de..... 4^m 40
— 2 — ..... 4^m 60
— 3 — ..... 5^m 00
— 4 — ..... 4^m 40
— 5 — ..... 3^m 60
— 6 — ..... 5^m 20

Rive gauche : Distance du point de repère B au glacier, 56 mètres (au lieu de 10 mètres).

L'avalanche qui existait près de ce point de repère, au 1er et 2 juillet et dont j'ai fait mention plus haut, n'existe plus en ce moment (17 octobre).

Automne 1894.

Front du glacier.

Rive droite du glacier : Distance du point de repère A au glacier, 90 mètres (donc recul depuis 1893 : 8 mètres).

R^1 au glacier, 32 m. 50 (donc recul depuis 1893 : 5 m. 50).

R^2 au glacier, 15 mètres (donc recul depuis 1893 : 5 mètres).

Rive gauche du glacier : Distance du point de repère B au glacier : 12 m. 30 (donc recul : 5 m. 30).

Partie moyenne du glacier.

Alignement. — Rive droite du glacier : Distance du point de repère A au glacier : 60 mètres (donc décroissance depuis 1893 : 2 m. 80).

Le nº 1 a descendu de 8 m. 50 (donc depuis 1893 de : 4 m. 10).

Le nº 2 a descendu de 9 mètres (donc depuis 1893 de : 4 m. 40).

Le nº 3 a descendu de 19 m. 20 (donc depuis 1893 de : 5 m. 20).

Le nº 4 a descendu de 9 mètres (donc depuis 1893 de : 4 m. 60).

Le nº 5 a descendu de 6 m. 70 (donc depuis 1893 de : 3 m. 10).

Le nº 6 a descendu de 10 m. 50 (donc depuis 1893 de : 5 m. 30).

Rive gauche du glacier : Distance du point de repère B au glacier : 57 mètres (donc décroissance : 1 mètre.

On voit qu'indépendamment du mouvement de recul estival très net dans toutes ses parties, le glacier de la Bonne-Pierre a subi, de 1893 à 1894, une diminution notable dans sa largeur et dans sa longueur.

Le mouvement de la glace est assez rapide, ainsi que le montre le déplacement des pierres de l'alignement, mais il n'est pas égal et il est *plus fort du côté gauche* que du côté droit.

Travaux du glacier du Chardon.

(25, 26 et 27 juin) 1893.

Front du glacier.

Alignement pris conforme à la fig. 2 (ou 1) de l'instruction relative à l'étude des glaciers ; rangée à peu près régulière de pierres touchant la glace sur tout le

10

front du glacier, portant empreints, de distance en distance, les n⁰ˢ r_1, r_2, r_3, r_4, r_5, r_6, r_7, r_8, à la couleur verte, ainsi que les initiales, la croix et les lettres A et B.

Partie moyenne du glacier.

Alignement n⁰ 1. — Rive droite : Initiales, croix et lettre A ; distance du point de repère A au glacier : 54 m. 50. Rive gauche : Initiales, croix et lettre B ; distance du point de repère B au glacier : 34 m. 20.

Alignement n⁰ 2. — Rive droite : Avec les initiales ci-dessus indiquées ; distance du point de repère A au glacier : 35 m. 40. Rive gauche : Distance du point de repère B au glacier : 32 m. 70.

Dans chaque glacier, les points de repère établis sur chaque rive sont sur le rocher. Entre les points de repère A et B, il a été fait un alignement régulier de pierres portant empreints les n⁰ˢ ci-contre 1, 2, 3, 4, 5, 6, 7 et, de distance en distance, les initiales et la croix.

Automne (12 octobre) 1893.

Modifications constatées :

Front du glacier.

Rive droite : (A) r_1 au glacier. Recul constaté.			11ᵐ	20
r_2	—	—	6ᵐ	40
r_3	—	—	1ᵐ	10
r_4	—	—	2ᵐ	80
r_5	—	—	7ᵐ	90
r_6	—	—	10ᵐ	00
r_7	—	—	16ᵐ	60
Rive gauche : (B) r_8	—	—	2ᵐ	10

Alignement n° 1. — Rive droite : Du point de repère A au glacier : 55 mètres (au lieu de 54 m. 10).

N° 1 a descendu de 6 m. 60, seul numéro qui ait bougé dans cet alignement ; il est placé au centre du glacier.

Rive gauche : Du point de repère B au glacier : 44 mètres (au lieu de 34 m. 20).

Alignement n° 2.' — Rive droite : Du point de repère A au glacier : 37 m. 55 (au lieu de 35 m. 40).

Les n°s 1 et 2 sont restés stationnaires.

Le n° 3 a descendu de 6 m. 60.

Le n° 4   —   4 m. 65.

Le n° 5   —   4 mètres.

Le n° 6   —   5 —

Le n° 7   —   6 —

Rive gauche : du point de repère B au glacier : 35 m. 80 (au lieu de 32 m. 70).

Tous les numéros et les repères sont appliqués sur le rocher ou sur des pierres placées à cet effet.

Il y a certains endroits où il y avait de la neige au printemps et l'on n'a pas très bien pu se rendre compte de l'état des choses en automne ; ce sont les endroits où la différence des chiffres est un peu grande.

Ceci se produit généralement sur les rives droite ou gauche du glacier, entre la moraine et le glacier.

Automne 1894.

Front du glacier.

r_1 au glacier : 20^m 40, donc recul de 9^m 20 depuis 1893.

r_2 —   11^m 60   —   5^m 20   —

r_3 —   2^m 00   —   0^m 90   —

r_4 au glacier : 4ᵐ 50, donc recul de 1ᵐ 70 depuis 1893.

r_5	—	13ᵐ 60	—	5ᵐ 30	—
r_6	—	20ᵐ 50	—	10ᵐ 50	—
r_7	—	30ᵐ 90	—	14ᵐ 30	—
r_8	—	4ᵐ 00	—	1ᵐ 90	—

Partie moyenne du glacier.

Alignement nº 1. — Rive droite du glacier : Distance du point de repère A au glacier : 56 mètres (donc recul de 1 mètre depuis 1893).

Le nº 1 s'est déplacé de 12 m. 70 (descente de 6 m. 10 depuis 1893).

Rive gauche du glacier : Distance du point de repère B au glacier : 45 m. 10 (recul : 1 m. 10 depuis 1893).

Alignement nº 2. — Rive droite du glacier : Distance du point de repère A au glacier : 38 m. 50, soit un recul de 0 m. 95.

Le nº 1 a descendu de 1 m. 10.

Le nº 2 a descendu de 1 m. 50.

Les numéros 1 et 2 ci-dessus sont restés stationnaires en 1893, ils ne se sont déplacés qu'en 1894.

Le nº 3 a descendu de 11 m. 60, donc, depuis l'automne 1893, de 5 mètres.

Le nº 4 a descendu de 8 mètres, donc, depuis l'automne 1893, de 3 m. 34.

Le nº 5 a descendu de 8 m. 50, donc, depuis l'automne 1893, de 4 m. 50.

Le nº 6 a descendu de 9 mètres, donc, depuis l'automne 1893, de 4 mètres.

Le nº 7 a descendu de 12 m. 20, donc, depuis l'automne 1893, de 6 m. 20.

Rive gauche du glacier : Distance du point de repère

B au glacier : 37 m. 50 (soit recul de 1 m. 70 depuis 1893).

Il résulte de ces observations que le glacier du Chardon a subi en 1893, une décrue estivale.

De 1893 à 1894, la décrue a été notable, mais plus forte sur la rive droite. Cette décrue s'est manifestée aussi dans le sens transversal.

Le mouvement de descente paraît assez régulier, sauf sur le bord droit (n°s 1 et 2 de l'alignement n° 2) où il est presque nul.

Nos confrères, MM. A. Chabrand et Fr. Perrin, ont bien voulu examiner les travaux exécutés aux environs de la Bérarde et de Vallouise, par J.-B. Rodier fils, P. Estienne et A. Barnéoud.

Depuis lors, la Société a fait remettre à ces guides de nouvelles chaînes d'arpenteur pour faciliter leur mensurations, et à J.-B. Rodier, une mire qui doit lui servir pour l'observation et le placement des repères.

Observations sur l'état des glaciers, faites par M. Pierre Gaillard, guide de la Société, à la Chapelle-en-Valjouffrey.

(12 août) 1893.

ÉTAT DU GLACIER DE L'AIGUILLE D'OLAN. — Il s'est retiré de 500 mètres ; il est exposé au Sud, présente un certain nombre de grandes crevasses, quelque peu de verglas au centre ; en pente douce. Son altitude est de 3,300 mètres. Sur la droite du gla-

cier, passage du col d'Olan, neigeux, glacé complètement. Un petit lac à 3,050 mètres d'altitude.

ÉTAT DU GLACIER DES SELLETTES. — Pente assez
droite jusqu'au Bergschrund, qui a une profondeur de
12 mètres ; deux autres crevasses mesurent 15 mètres,
exposées au Nord du pic d'Olan ; à l'Ouest, quelques
petites cascades et rochers qui n'existaient pas autrefois, une grande partie à plat. Le torrent s'est réduit
de 1 m. 50. Après, on rencontre de grandes moraines,
puis des pâturages de bergers et la descente par la
Lavey.

(23 août) 1893.

COL DE LA HAUTE-PISSE. — Grand éboulement avant
d'arriver au glacier exposé au Sud-Ouest. Grande crête
de neige dans le champ du glacier; dans le bas, il est
assez pierreux et s'est réduit de 2,020 mètres au
moins. A l'Est, le col de la Haute-Pisse, à 3,150 mètres d'altitude ; en face, au Nord, la brèche de l'En-
châtra.

Descente dans la Mariande, de grandes pentes de
neige exposées à l'Est sont fondues ; il n'y a plus que
du verglas et de grandes moraines dans le bas. Dans
la vallée, un chalet de bergers.

Haute-Ubaye.

(Voir dans le rapport de 1892-93, ci-dessus,
les détails déjà donnés.)

LE GLACIER DE MARINET.

Nous nous sommes rendu, en août 1893, dans la
haute vallée de l'Ubaye où nous avons visité, en com-

pagnie de M. André Antoine, de Maurin, le glacier de Marinet, situé près de la frontière italienne, sur le versant septentrional des Aiguilles de Chambeyron (3,400 mètres).

Il nous parait intéressant de consigner ici les quelques observations que nous avons faites sur ce glacier peu visité et placé en dehors de la région classique de l'Oisans.

Notons tout d'abord que toute cette région, située à l'Est de l'Ubaye, porte les traces d'une extension des glaciers beaucoup plus considérable et qui semble ne pas remonter à une période très ancienne [1]. Dans le creux du col de Marinet, sur le versant italien, il y a de belles moraines très fraîches, mais le bassin de cet ancien glacier ne contient plus actuellement que quelques névés insignifiants. Il en est de même au col de Rouvre, et on a l'impression d'une contrée que les glaces viennent à peine d'abandonner.

Le vallon de Marinet lui-même (sur le versant français) est encombré par les moraines du glacier de Marinet, qui devait avoir anciennement une extension beaucoup plus grande, mais qui a subi, depuis 1860, une *nouvelle crue ;* car, sur les trois lacs que porte la carte de l'État-Major français, levée en 1855 (v. plus haut, rapport de 1892-93), un seul subsiste en son entier, un

---

[1] Ces vestiges sont ici beaucoup plus frais encore que ceux de Combeynot près du Lautaret ou que ceux qui, par exemple, dans le massif du Brévent et des Aiguilles-Rouges, en face du Mont-Blanc, semblent cependant si récents et montrent encore intacts les bassins de réception, les couloirs, les cônes de déjections d'anciens glaciers aujourd'hui disparus.

autre est actuellement *à moitié* comblé par la moraine
frontale, et le troisième, le plus près du glacier, a
déjà disparu sous le front progressant de ce dernier.

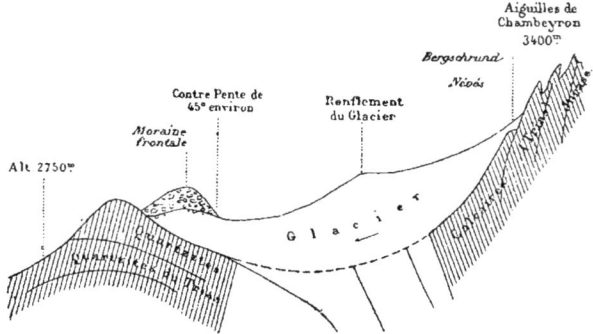

Fig. 10.

Toutefois aujourd'hui, le glacier de Marinet, autrefois unique, commence à se diviser en deux branches.
Il est, dans sa partie inférieure, couvert d'une épaisse
couche morainique (moraine superficielle) qui n'empêche pas, cependant, les crevasses d'être visibles.
Remarquons aussi que la carte de l'État-Major français (type 1889) n'est pas conforme à la réalité ; elle
attribue au glacier une étendue qu'il n'a pas.

De superbes *tables de glaciers* formés de blocs de
calcaire rouge (marbre de Guillestre) se présentent en
de nombreux points avec une netteté et une fréquence
peu communes. La surface du glacier (dont la fig. 10
donne le profil) offre toutes les particularités classiques : ailes d'insectes, papillons et petits cailloux en-

foncés dans la glace; *crevasses muttiples*, ruisseaux su-
perficiels et *moulins*.

En dessous des névés et du Bergschrund existe un
plateau doucement incliné où la traversée du glacier
est facile, puis, après un léger renflement, la pente
s'accentue. Vers le front du glacier, on remarque une
contre-pente, puis la *moraine frontale* buttant contre un
seuil rocheux de quartzites que le glacier devait fran-
chir jadis en cascade et qu'il contourne actuellement
par la gauche. Le front du glacier est à une altitude
d'environ 2,750 mètres.

Les éléments de la moraine sont : des calcaires gris
triasiques, des calcaires phylliteux et des blocs de calcaire rouge amygdaloïde (dit calcaire ou marbre de
Guillestre) appartenant au Jurassique supérieur et
provenant des Aiguilles de Chambeyron (côté ouest).
Ces blocs rouges existent seulement sur les *moraines
latérales* de gauche (Ouest), sur les moraines du côté
droit, les calcaires noirâtres du Trias existent seuls,
par suite de la constitution même du bassin de réception. Grâce à cette différence de couleur des matériaux
de droite et de gauche, il est facile à constater qu'ils
ne se *mélangent pas dans la moraine frontale* et que,
là encore, les blocs rouges occupent la partie ouest, et
les noirs, la partie est.

M. Antoine a placé, d'après nos indications, une
série de repères à la couleur verte et aux initiales de
la Société.

Enfin, nous nous sommes procuré des photographies
représentant l'état actuel du glacier de Marinet.

11

\,
*

Les renseignements qui précèdent peuvent être résumés de la façon suivante :

Glaciers observés et variations de 1893 à 1894.

1. Glacier Lombard (observateur Émile Pic), décrue.
2.   — de la Meije (observateur Émile Pic), décrue (partie E.).
3.   — du Râteau (observateur Émile Pic), décrue (portion O.).
4.   — du Vallon (observateur Émile Pic), décrue accentuée.
5.   — du Lac (observateur Émile Pic), décrue.
6.   — de Séguret-Foran (observateurs J. Boy, puis Estienne et Barnéoud), décrue.
7.   — du Casset (observateurs J. Boy, puis É. Pic), décrue.
8.   — du Monêtier (observateurs J. Boy, puis É. Pic), décrue.
9.   — du Pré-des-Fonds (observateur J. Boy), décrue.
10.   — Blanc (observateurs P. Estienne et A. Barnéoud), crue.
11.   — Noir (observateurs P. Estienne et A. Barnéoud), décrue.
12.   — du Sélé (observateurs P. Estienne et A. Barnéoud), décrue.
13.   — de la Pilatte (observateur J.-B. Rodier fils), décrue.
14.   — de la Bonne-Pierre (observateur J.-B. Rodier fils), décrue.

15. Glacier du Chardon (observateur J.-B. Rodier fils),
    décrue.

16. — de l'Aiguille d'Olan (observateur P. Gaillard), décrue.

17. — des Sellettes (observateur P. Gaillard),
    décrue.

18. — de la Haute-Pisse (observateur P. Gaillard),
    décrue.

19. — de Marinet (observateurs W. Kilian et Antoine), crue.

Ainsi, sur dix-neuf glaciers observés, *deux seulement sont en crue;* l'un d'eux, le glacier Blanc est le même dont nous signalions la crue en 1893, d'accord avec les renseignements du prince R. Bonaparte.

On sait qu'avant 1890, les glaciers de la Meije et d'Olan étaient en crue. En 1891, le glacier de la Meije était devenu stationnaire. Le glacier du Râteau était en crue en 1891 ; actuellement il décroît. Le glacier du Casset avançait en 1892 ; maintenant il recule ; il en est de même des glaciers du Monêtier, du Pré-des-Fonds et des Sellettes.

Il semble donc que la période de crue qui paraissait s'annoncer pour nos glaciers ne soit pas encore près de se réaliser complètement.

Desiderata

*exprimés à la suite du rapport précédent, publié dans
l'Annuaire n° XX.*

En terminant, nous rappelons à l'attention de nos collègues les *desiderata* formulés dans nos derniers rapports.

Il nous est pénible d'avouer ici que personne parmi les membres de la Société des Touristes du Dauphiné ne semble les avoir pris à cœur.

Les encouragements [1] nous sont venus du dehors, aucun collaborateur ne s'est trouvé pour nous aider à dépouiller les documents envoyés par nos guides. Ce n'est pas sans découragement que nous comparons notre isolement à l'activité qui entoure les glaciologistes des autres pays et que nous constatons l'indifférence qui règne dans le milieu où nous travaillons, pour toutes les questions qui dépassent en portée philosophique l'alpinisme sportif ou utilitaire.

[1] Nous ne parlons pas ici des sacrifices pécuniaires ; la Société des Touristes du Dauphiné ne les a pas ménagés.

DEUXIÈME PARTIE

OBSERVATIONS ET DOCUMENTS RÉUNIS
DE 1895 A 1899

La publication des observations glaciologiques annuelles instituées par la Société des Touristes a été interrompue après 1894 et les observations elles-mêmes l'ont été à partir de l'hiver 1895-96. Cette cessation momentanée a été nécessitée surtout par des raisons budgétaires, mais il a semblé également qu'il n'y avait pas d'inconvénient notable à laisser passer quelques années avant de procéder à de nouvelles mesures et à des comparaisons avec les repères placés anciennement.

Les observations ont été reprises en 1899 par plusieurs des guides de la Société sur les principaux glaciers de la région dauphinoise.

Nous présentons ici les résultats de ces nouvelles études.

Trés absorbé par les explorations nécessaires à l'achèvement de la Carte géologique détaillée des Alpes françaises, par nos travaux personnels et par nos occupations professionnelles, nous avons été très efficacement suppléé par M. *G. Flusin,* préparateur à la Faculté des Sciences, qui a rédigé une grande partie de ce rapport après avoir contrôlé sur place quelques-unes des indications et mesures fournies par les guides et pris un certain nombre de vues photographiques fort instructives dont les plus remarquables sont reproduites ci-après.

Notre collègue a montré ainsi que des préoccupations scientifiques sérieuses peuvent se concilier très heureusement avec les exigences de l'alpinisme ; nous souhaitons que cet exemple trop rare trouve quelques imitateurs parmi les membres de nos Sociétés alpines.

Outre les observations de *M. Flusin* et quelques renseignements fort intéressants fournis par MM. *André Antoine* (de Maurin), *Henry Duhamel, Henri Ferrand* et le capitaine *de Martène,* nous reproduisons dans ce rapport les mesures et documents recueillis pour le compte de la Société des Touristes par les guides suivants :

J.-B. Rodier. (Glaciers du Chardon, de la Pilatte, de la Bonne-Pierre.)

Émile Pic. (Glaciers du Lac, du Vallon, du Râteau, de la Meije, glacier Lombard, glaciers du Monestier, du Casset, de Saint-Sorlin, des Quirlies et du Grand-Sauvage.)

Georges-Célestin Bernard. (Glaciers des vallées de Valsenestre et de Valjouffrey.)

P. Estienne (1895) *et P. Barnéoud* (1899). (Glaciers du Sélé, glacier Blanc, glacier Noir et glacier de Séguret-Foran.)

W. K.

GLACIER DU CHARDON.

J.-B. Rodier, 1895.

Printemps (9 juillet) 1895.

Front du glacier.

Alignement établi conformément à la fig. 2[1] (ou 1) de l'instruction relative à l'étude des glaciers (v. plus haut et *Annuaire*, t. XVII, p. 242); il a été posé 7 numéros, touchant la glace.

Partie moyenne du glacier.

Alignement n° 1. — Établi conformément à la figure 3 (ou 2) de l'instruction. Il a été placé un numéro seulement au milieu du glacier.

Alignement n° 2. — Établi conformément à la figure 3 (ou 2) de l'instruction. Il a été placé 4 numéros.

Automne (18 novembre) 1895.

Front du glacier.

Rive droite : (A) R_1 au glacier.	Recul constaté.		9^m 60
R_2	—	—	3^m 50
R_3	—	—	4^m 50
R_4	—	—	4^m 00
R_5	—	—	2^m 00
R_6	—	—	2^m 00
Rive gauche : (B) R_7	—	—	5^m 10

[1] La fig. 2 correspond à la fig. 1 et les fig. 2 et 3 aux fig. 3 et 4 de la 1re édition de l'*Instruction* publiée dans l'Annuaire n° XVII et envoyée aux Guides de la Société.

Partie moyenne du glacier.

Alignement n° 1. — Rive droite : Distance du point A au glacier : 56 m. 15, au lieu de 56 mètres en 1894, donc *diminution* de 0 m. 15. Le n° 1 a descendu de 18 m. 30.

Rive gauche : Distance du point B au glacier : 45 m. 10. En 1894, on avait trouvé 45 m. 10 ; *la hauteur du glacier n'a donc pas varié.*

Alignement n° 2. — Rive droite : Distance du point A au glacier : 40 mètres, au lieu de 38 m. 50 en 1894, donc *diminution* de 1 m. 50. Les numéros 1 et 2 ont disparu dans la coulée du glacier qui est très accidenté à cet endroit. Le n° 3 a descendu de 38 m. 40. Le n° 4 a descendu de 4 m. 50.

Rive gauche : Distance du point B au glacier : 38 mètres, au lieu de 37 m. 50 en 1894, donc *diminution* de 0 m. 50.

J.-B. Rodier, 1899.

Front du glacier.

De nouveaux points de repère A et B, aux initiales de la Société, avec croix et date, ont été placés sur chaque rive, et, entre eux, un cordon de cinq blocs numérotés, touchant la glace de distance en distance, a été posé sur tout le front du glacier.

Modifications constatées au front depuis l'automne de 1895.

Rive droite : (A) R_1 au glacier. Recul constaté. 60^m 40
$\qquad\qquad\ R_2$ — — perdu.

Rive droite : (A) R$_3$ au glacier. Recul constaté. perdu.

R$_4$	—	—	16^m 00
R$_5$	—	—	perdu.
R$_6$	—	—	53^m 00
Rive gauche : (B) R$_7$	—	—	34^m 00

Partie moyenne du glacier.

Alignement n° 1. — Rive droite : Distance du point A au glacier : 56 mètres au lieu de 56 m. 15 en 1895, donc *gonflement* de 0 m. 15. Le n° 1 a descendu de 51 m. 70 depuis l'automne de 1895.

Rive gauche : Distance du point B au glacier : 50 mètres au lieu de 45 m. 10 en 1895, donc *diminution* de 4 m. 90. Dans cet alignement, il n'a toujours été placé qu'un numéro au milieu du glacier.

Alignement n° 2. — Rive droite : Distance du point A au glacier : 28 m. 50, au lieu de 40 mètres en 1895, donc *gonflement* de 11 m. 50. Le n° 1 a descendu de 81 mètres depuis le printemps de 1895.

Le n° 2 a descendu de 67 mètres depuis le printemps de 1895. Le n° 3 a été perdu. Le n° 4 a descendu de 42 m. 50 depuis l'automne de 1895.

Rive gauche : Distance du point B au glacier : 30 mètres au lieu de 38 mètres en 1895, donc *gonflement* de 8 mètres. Il a été placé en 1899 un nouvel alignement de cinq numéros.

Le front du glacier du Chardon continue à *reculer ;* par contre, il se produit dans la partie supérieure du glacier un *gonflement notable* qui commence à se faire sentir dans la partie inférieure où la diminution a presque cessé.

Il s'est formé cette année six ruisseaux à la surface du glacier, trois près de la rive droite et trois près de la rive gauche.

Les trois ruisseaux de la rive droite, après avoir effectué séparément un certain parcours, s'assemblent successivement en un seul qui s'est ouvert dans la glace un canal mesurant, à quelques endroits, cinq à six mètres de profondeur ; ce torrent finit par s'engouffrer, avec un grand fracas, au sein du glacier, dans un *moulin* qu'il s'est creusé.

Les ruisseaux de la rive gauche sont moins importants : deux seulement se réunissent pour se perdre ensuite dans des crevasses à la surface du glacier ; le troisième se jette dans un *moulin*.

Le glacier du Chardon est très crevassé dans sa partie supérieure, surtout près des rives ; la partie inférieure est au contraire peu crevassée.

GLACIER DE LA PILATTE.

J.-B. Rodier, 1895.

Printemps (10 juillet) 1895.

Front du glacier. — Alignement établi conformément à la figure 2 de l'instruction relative à l'étude des glaciers. Il a été placé 4 numéros seulement.

Partie moyenne du glacier. — Alignement établi conformément à la figure 3 de l'instruction. Il a été placé 6 numéros.

Automne (19 novembre) 1895.

Front du glacier.

Rive droite : R_1 au glacier. Recul constaté. 3^m 00
— R_2 —   — 5^m 00

Rive droite : R_3 au glacier. Emporté par le torrent.

Rive gauche : R_4 — Englouti par la chute de la moraine.

On a pù juger que le recul avait été considérable aux deux numéros perdus et estimer ce recul à 10 mètres environ pour chaque numéro.

Partie moyenne du glacier.

Rive droite : Distance du point A au glacier, 168 m. 50, au lieu de 168 mètres en 1894 ; donc *diminution* de 0 m. 50.

Le n° 1 a descendu de	8^m	50
— 2 —	8^m	00
— 3 —	9^m	50
— 4 —	10^m	20
— 5 —	11^m	40
— 6 —	7^m	60

Rive gauche : Distance du point B au glacier, 41 mètres, au lieu de 40 m. 50 en 1894 ; donc *diminution* de 0 m. 50.

J.-B. Rodier, 7 septembre 1899.

Front du glacier.

Nouvel alignement établi conformément à la figure 2 (ou 1) de l'instruction relative à l'étude des glaciers. Les deux points de repère A et B, portant la croix aux initiales de la Société, ont été placés sur chaque rive du front du glacier ; une rangée de 4 pierres, portant des numéros et touchant la glace de distance en distance, a été placée sur le front.

Modifications constatées depuis le printemps 1895.

Rive droite : (A) R_1 au glacier. Recul constaté. 30^m 00

$\qquad\qquad\quad R_2 \qquad — \qquad — \qquad$ perdu.

$\qquad\qquad\quad R_3 \qquad — \qquad — \qquad 30^m$ 00

Rive gauche : (B) $R_4 \qquad — \qquad — \qquad 40^m$ 00

Partie moyenne du glacier.

Nouvel alignement établi entre les anciennes pyramides A et B de 1895. Ces deux repères se trouvent sur les rives, au-dessus de la première chute de séracs.

Rive droite : Distance du point A au glacier, 150 mètres, au lieu de 168 m. 50 en 1895 ; donc *gonflement* de 18 m. 50.

Le n° 1 a été perdu.

— 2 a descendu de 77^m 00 depuis l'automne 1895.

— 3 a descendu de 70^m 50 —

— 4 a été perdu.

— 5 a été perdu.

— 6 a descendu de 2^m 40 —

Rive gauche : Distance du point B au glacier, 28 mètres, au lieu de 41 mètres, en 1895 ; donc *gonflement* de 13 mètres.

L'étude des alignements de pierre sur le glacier accuse un mouvement de descente plus accentué sur la rive droite que sur la rive gauche.

Le glacier de la Pilatte recule toujours et diminue d'épaisseur à sa base ; au contraire, il *se gonfle* et se crevasse dans ses parties moyenne et supérieure.

On peut remarquer, sur son front en forme de croupe,
des *crevasses* d'expansion (en éventail) bien caractéri-
sées ; après la première chute de séracs et sur le long
plateau qui la domine, les crevasses médianes se dessi-
nent très régulièrement ; dans la partie supérieure, on
trouve, comme les années précédentes, de nombreuses
crevasses traversant généralement le glacier.

La *moraine frontale* est très étalée et le glacier est
presque complètement dépourvu, dès sa base, de débris rocheux qui recouvrent complètement celles des
glaciers du Chardon et de la Bonne-Pierre.

GLACIER DE LA BONNE-PIERRE.

J.-B. Rodier, 1895.

Printemps (11 juillet) 1895.

Front du glacier. — Alignement établi conformément
à la figure 2 (ou 1) de l'instruction relative à l'étude des
glaciers. Il a été placé 3 numéros seulement.

Partie moyenne du glacier. — Alignement établi conformément à la figure 3 (ou 2) de l'instruction. Il a été
placé 6 numéros.

Automne (20 novembre) 1895.

Front du glacier.

Rive droite : Point de repère A au glacier. Recul
constaté, 0 m. 00.

R_1 au glacier. Englouti par une chute de pierres.

R_2 —   Id.

R_3 —   Recul constaté, 0^m 00

Rive gauche : Point de repère B. Englouti par une chute de glace et de pierres.

Sur la rive gauche, cette chute existe depuis le printemps et devient toujours plus forte ; il y a aussi une chute sur la rive droite, mais moins forte qu'au centre et surtout qu'à la rive gauche.

Partie moyenne du glacier.

Rive droite : Distance du point A au glacier, 65 mètres, au lieu de 60 mètres en 1894 ; donc *diminution* de 5 mètres.

Le n° 1 a descendu de	4^m 50	
— 2	—	4^m 30
— 3	—	5^m 00
— 4	—	5^m 00
— 5	—	4^m 10
— 6	—	5^m 50

Rive gauche : Distance du point B au glacier. Cette distance n'a pu être mesurée, les avalanches qui couvrent presque toute la rive gauche du glacier n'ayant pas encore découvert le point de repère.

J.-B. Rodier, 20 septembre 1899.

Nouvel alignement établi suivant l'instruction relative à l'étude des glaciers.

Sur la rive droite, le point de repère A avait été placé en 1895, sur une pierre mesurant environ 1 mètre cube, et touchant la glace ; cette pierre a été trouvée le 20 septembre 1899, *renversée par la poussée du glacier* ou de la moraine qui le recouvre à cet endroit.

Le n° 1 de 1899 a été mis en face du n° 1 de 1895,

mais un peu en arrière, touchant la glace : il n'y a donc pas de recul.

Le n° 2 de 1895 était placé sur un gros bloc qui a *été aussi renversé* et trouvé 10 mètres plus bas ; le n° 2 de 1899 a été mis sur le même bloc.

Il a été établi de plus un n° 2 *bis,* sur un autre bloc, bien en face du n° 2 et touchant le glacier.

Le n° 3 de 1895 n'a pas été retrouvé.

Sur la rive gauche, la croix et les initiales de la Société n'ont pu être mises sur le rocher, on les a placées sur le bloc n° 2 *bis.*

En somme, le glacier est *stationnaire,* avec de fortes *tendances à croître.*

Partie moyenne du glacier.

Entre les anciens points de repère A et B, de 1895, il a été posé un nouvel alignement de cinq pierres portant des numéros.

Rive droite : Distance du point de repère A au glacier, 55 mètres, au lieu de 65 mètres ; donc *gonflement* de 10 mètres.

Le n° 1 de 1895 a descendu de 50 m. 50 depuis l'automne de 1895.

Le n° 2 de 1895 a descendu de 57 m. 70 depuis l'automne de 1895.

Le n° 3 de 1895 a descendu de 65 mètres depuis l'automne de 1895.

Le n° 4 de 1895 a été perdu.

  — 5   —   —

  — 6   —   —

Rive gauche : Distance du point de repère B au glacier, 40 mètres, au lieu de 57 mètres ; donc *crue* de 17 mètres.

Le glacier de la Bonne-Pierre, tant à sa base qu'à
sa partie moyenne, a beaucoup changé d'aspect depuis
1895 ; il devient très tourmenté et accidenté, surtout
dans sa partie moyenne.

On a vu que le mouvement de recul du front a cessé ;
un *gonflement* notable s'est produit dans sa partie supérieure et semble vouloir s'accroître.

Près des rives, quelques petits ruisseaux, peu importants, coulent à la surface.

La base du glacier, jusqu'à son front, qui se présente
sous la forme d'une *falaise de glace* (v. plus bas), est
cachée par la moraine.

Au contraire, les parties moyenne et supérieure sont
en glace vive et bleue, où les crevasses s'ouvrent peu
nombreuses.

GLACIER DU SÉLÉ.

Pierre Estienne, 1895.

*Modifications observées le 24 juin 1895, depuis l'automne
de 1894.*

Repère de gauche.	Recul constaté.	5^m 55
Front............	—	4^m 00
Repère de droite.	—	» »

*Modifications observées le 27 octobre 1895, depuis le
printemps de 1895.*

Repère de gauche.	Recul constaté.	4^m 00
Front............	—	5^m 10
Repère de droite.	—	» »

En décrue.

Pierre Barnéoud, 6 septembre 1899.

On n'a pas pu retrouver les repères placés en 1894, de sorte qu'il a été impossible de faire des mesures précises, le front du glacier est en effet profondément encaissé et creusé en forme d'entonnoir, de sorte que les neiges le recouvrent très longtemps.

Le front du glacier s'est beaucoup abaissé depuis 1894 ; le premier plateau est peu crevassé, tandis que le plateau supérieur présente, au-dessous du col du Sélé, de nombreuses crevasses, orientées de l'Est à l'Ouest.

GLACIER BLANC.

Pierre Estienne, 1895.

Modifications observées le 21 juin, depuis l'automne de 1894.

Repère de droite. Avancement du front. 5^m 00
Repère de gauche. — 6^m 00
Avancement sur le plateau : 16 mètres.

Modifications observées le 20 octobre, depuis le printemps.

Repère de droite. Avancement du front. 5^m 00
Repère de gauche. — 6^m 00
Le glacier Blanc continue en 1895 son *mouvement de crue.*

P. Barnéoud, 5 septembre 1899.

Depuis 1895, le milieu du front du glacier est resté *stationnaire ;* les flanes ont reculé d'environ 20 mètres.

13

Le front du glacier descend actuellement le long de la paroi rocheuse, très abrupte, qui tombe dans la vallée du glacier Noir; une belle chute de séracs réunit ce front au premier plateau qui s'est légèrement abaissé depuis 1895 sur la rive gauche.

Ce plateau, très crevassé et en glace vive, est sillonné de ruisseaux dont l'un, très important, s'engouffre dans les crevasses avec un grand fracas.

Le mouvement de crue que présentait le glacier Blanc en 1895 semble s'être arrêté.

GLACIER NOIR.

Pierre Estienne, 1895.

Modifications observées le 22 juin, depuis l'automne de 1894.

Repère de droite.	Recul constaté.	3^m 00
Front............	—	5^m 00
Repère de gauche.	—	3^m 20

Modifications observées le 24 octobre, depuis le printemps.

Repère de droite.	Recul constaté.	5^m 50
Front............	—	7^m 60
Repère de gauche.	—	5^m 20

Le glacier Noir est toujours en *décrue*.

P. Barnéoud, 4 septembre 1899.

Modifications observées depuis l'automne de 1895.

Rive droite.	Recul constaté.	34^m 00
— gauche.	—	40^m 00

Le glacier est entièrement recouvert de débris rocheux dans sa partie basse ; le torrent d'écoulement sort d'une grotte profonde, d'environ 2 à 3 mètres de hauteur.

Au sommet du front du glacier, derrière un énorme bloc, s'ouvre dans la glace un entonnoir de 10 mètres environ de diamètre, dont le fond est plein d'eau.

Le plateau s'est abaissé et le nombre des crevasses paraît y avoir diminué.

Le glacier Noir a continué, depuis 1895, son *mouvement de décrue*.

GLACIER DE SÉGURET-FORAN.

Pierre Estienne, 1895.

Modifications observées le 26 juin, depuis l'automne de 1894.

Repère de droite.	Recul constaté.	2^m 65
Front............	—	2^m 50
Repère de gauche.	—	2^m 60

Modifications observées le 29 octobre, depuis le printemps de 1895.

Repère de droite.	Recul constaté.	4^m 50
Front............	—	6^m 40
Repère de gauche.	—	7^m 20

En décrue.

P. Barnéoud, 3 septembre 1899.

Modifications observées depuis l'automne de 1895.

Rive droite.	Recul constaté.	24^m 00
— gauche.	—	44^m 00

Le glacier est actuellement peu crevassé et il abandonne une moraine frontale assez forte.

Il continue son *mouvement de décrue*.

GLACIER DU LAC.

Émile Pic, 1895.

Front du glacier. — Nouvel alignement établi, le 15 juin 1895, conformément à la figure 2 (ou 1) de l'instruction relative aux glaciers.

Modifications observées le 13 octobre 1895.

De R_o au glacier.	Recul constaté.	1^m	20
— r_1 —	—	0^m	60
— r_2 —	—	1^m	60
— r_3 —	—	1^m	30
— r_4 —	—	0^m	10
— R_o —	—	0^m	20

Le glacier du Lac continue *à reculer;* il diminue d'épaisseur dans sa partie moyenne et à son front. Les écoulements des eaux sont toujours aussi forts.

Émile Pic, 1899.

Front du glacier. — Nouvel alignement établi, le 17 juin 1899, conformément à la figure 2 (ou 1) de l'instruction relative aux glaciers.

Modifications observées le 16 *octobre* 1899.

De R_o au glacier.	Recul constaté.	3^m	00
— r_1 —	—	2^m	00
— r_2 —	—	2^m	00

De r_3 au glacier. Recul constaté. 2^m 00
— r_4 — — 3^m 00
— r_5 — — 3^m 00
— R_0 — — 5^m 00

Le glacier du Lac a bien changé : il a diminué d'épaisseur et *beaucoup reculé*. Il ne se réunit plus ni au glacier du Vallon, ni même au glacier de Giróse.

Il existe toujours des écoulements sur le glacier, principalement sur la rive droite.

GLACIER DU VALLON.

Émile Pic, 1895.

Front du glacier. — Nouvel alignement établi le 14 juin 1895.

Modifications observées le 12 octobre 1895.

De R^0 au glacier. Décrue constatée. 0^m 80
— r_1 — — 0^m 20
— r_2 — Crue constatée. 0^m 10
— r_3 — . — 0^m 10
— r_4 — Décrue constatée. 0^m 50
— r_5 — stationnaire. 0^m 00
— R^0 — Crue constatée. 0^m 30

Le glacier du Vallon a très peu changé ; la chute de séracs existe toujours. La grotte a la même forme et le glacier n'est ni plus ni moins crevassé que les années précédentes.

Émile Pic, 1899.

Front du glacier. — Nouvel alignement établi le 16 juin 1899.

Modifications observées le 15 *octobre* 1899.

De R° au glacier.	Recul constaté.		5^m 00
— r_1	—	—	6^m 00
— r_2	—	—	8^m 00
— r_3	—	—	7^m 00
— r_4	—	—	8^m 00
— r_5	—	—	6^m 00
— R°	—	—	5^m 00

Le glacier du Vallon est toujours très crevassé et mouvementé, surtout sur sa rive droite ; au col des Ruillans, il ne se réunit plus au glacier de Girose.

La chute a beaucoup changé d'aspect : elle est presque verticale et il existe une petite grotte à son front Ouest, où se forme l'écoulement.

Le *mouvement de décrue* s'est accentué.

GLACIER DU RATEAU.

Emile Pic, 1895.

Front du glacier. — Nouvel alignement établi le 13 juin 1895.

Modifications observées le 11 *octobre* 1895.

De R° au glacier.		Recul constaté.	0^m 90
— r_1	— (grotte)	—	0^m 00
— r_2	—	—	0^m 60
— R$_0$	—	—	0^m 90

La petite grotte existe toujours, même plus profonde que les années précédentes : elle a actuellement 2 m. 50 de longueur sur 1 m. 20 de hauteur.

Le glacier est toujours très crevassé et très mouvementé dans son bassin ; *il diminue d'épaisseur.*

Émile Pic, 1899.

Front du glacier. — Nouvel alignement établi le 16 juin 1899.

Modifications observées le 15 octobre 1899.

De R° au glacier.	Recul constaté.		5^m 00
— r_1	—	—	2^m 00
— r_2	—	—	1^m 00
— R_o	—	—	2^m 00

Le glacier du Râteau accentue son *mouvement de décrue* et il a diminué d'épaisseur.

La chute de séracs qui existait au front du glacier a complètement disparu et le front est maintenant tout couvert d'éboulis.

Glacier de la Meije.

Émile Pic, 1895.

Front du glacier. — Nouvel alignement établi le 12 juin 1895.

Modifications observées le 18 octobre 1895.

De R° au glacier.	Décrue constatée.		0^m 50
— r_1	—	Crue —	0^m 30
— r_2	—	Décrue constatée.	0^m 20
— r_3	— (grotte)	—	1^m 10
— r_4	—	—	0^m 25
— r_5	—	—	0^m 50
— r_6	—	Crue constatée.	0^m 30
— R_o	—	—	0^m 00

Le front du glacier a diminué d'épaisseur ; les deux
grottes existent toujours, avec les mêmes dimensions,
mais « plus découpées en lames provenant des coupures
des crevasses ».

Le glacier est très crevassé dans la partie supérieure ; les chutes de glace sont toujours les mêmes.

Sur la rive droite, il a *diminué* de 2 mètres au point
de repère du Serret-du-Savon ; sur la rive gauche, la
chute a également reculé de 2 m. 50 environ.

Émile Pic, 1899.

Front du glacier. — Nouvel alignement établi le
15 juin 1899.

Modifications constatées le 14 octobre 1899.

De R_0 au glacier.	Recul constaté.	$5^m\ 00$
— r_1 —	—	$5^m\ 00$
— r_2 —	—	$0^m\ 50$
— r_3 —	—	$0^m\ 40$
— r_4 —	—	$5^m\ 00$
— r_5 —	—	$14^m\ 00$
— $r_{5\ bis}$ —	—	$20^m\ 00$
— r_6 —	—	$8^m\ 00$
— R_0 —	—	$6^m\ 00$

Le glacier de la Meije a subi depuis 1895 une *diminution considérable*, surtout sur sa rive droite. L'ancien point R_1 est descendu dans un creux où existait un
petit lac et il s'est formé une moraine frontale en face
des points r_1 et r_2.

En face des points r_5, r_5 *bis*, r_6, il existe toujours une
grotte livrant passage aux eaux d'écoulement, mais
son plafond s'est affaissé.

La moraine médiane, entre les glaciers de la Meije et du Râteau, a aussi changé. Les chutes supérieure et inférieure ne sont plus aussi importantes qu'autrefois.

GLACIER LOMBARD.

Émile Pic, 1895.

Front du glacier. — Nouvel alignement, établi le 16 juin 1895.

Modifications observées le 14 octobre 1895.

De R_0 au glacier.	Recul constaté.		0^m 40
— r_1	—	—	0^m 40
— r_2	—	—	0^m 25
— R_0	—	—	0^m 30

Le glacier Lombard n'a presque pas subi de changement; ses écoulements sont les mêmes et il est toujours recouvert de poussière de schiste. A son centre, il est aussi crevassé que les années précédentes, mais il diminue d'épaisseur sur sa rive gauche.

Émile Pic, 1899.

Front du glacier. — Nouvel alignement, établi le 18 juin 1899.

Modifications constatées le 17 octobre 1899.

De R_0 au glacier.	Recul constaté.		5^m 00
— r_1	—	—	3^m 00
— r_2	—	—	4^m 00
— R_0	—	—	5^m 00

14

Le nouvel alignement, établi au printemps de 1899, devant le front du glacier, se trouve à 99 mètres de l'ancien alignement de 1893, le front du glacier a donc *reculé* de cette quantité de 1893 à 1899.

Le glacier Lombard a beaucoup changé, il a surtout *reculé* sur sa rive gauche.

Le plateau supérieur, vers les aiguilles de la Saussaz, a aussi diminué ; le glacier est encore très crevassé en ce point. La pente nord du signal du Goléon a perdu de sa hauteur.

Il existe toujours des écoulements d'eau, formant des moulins, à la surface du plateau inférieur.

GLACIER DU MONESTIER.

Émile Pic, 1895.

Front du glacier. — Nouvel alignement, établi le 20 juin 1895.

Modifications observées le 16 octobre 1895.

De R_0 au glacier.	Recul constaté.		0^m 60
— r_1	—	—	0^m 00
— r_2	—	—	0^m 10
— r_3	—	—	0^m 00
— r_4	—	—	0^m 15
— r_5	—	—	0^m 10
— R_0	—	—	0^m 10

En somme, faible *décrue estivale.*

Le glacier du Monestier est très crevassé et très mouvementé, à sa chute.

La branche de glacier descendant de la Montagne des Agneaux ne se joint plus à sa base avec le glacier, qui est très accidenté à cet endroit.

Émile Pic, 1899.

Front du glacier. — Nouvel alignement, établi le 19 juin 1899.

Modifications observées le 18 octobre 1899.

De R_0 au glacier. Recul constaté. 2^m 00
— r_1 — — 1^m 50
— r_2 — — 2^m 00
— r_3 — — 3^m 00
— r_4 — — 2^m 00
— r_5 — — 1^m 00
— R_o — — 2^m 00

Le glacier du Monestier a continué son *mouvement de décrue*, en l'accentuant sur sa rive gauche; il est toujours très accidenté et très crevassé.

GLACIER DU CASSET.

Émile Pic, 1895.

Front du glacier. — Nouvel alignement, établi le 21 juin 1895.

Modifications observées le 17 octobre 1895.

De R_0 au glacier. Recul constaté. 1^m 05
— r_1 — — 0^m 85
— r_2 — — 1^m 00
— r_3 — — 0^m 55
— r_4 — — 0^m 45
— R_o — — 0^m 90

On a exploité de la glace au printemps.

La chute du glacier du Casset est toujours très accidentée ; il en est de même de la partie supérieure, surtout sur la rive gauche.

Émile Pic, 1899.

Front du glacier. — Nouvel alignement, établi le 20 juin 1899.

Modifications observées le 19 octobre 1899.

De R_0 au glacier.	Recul constaté.		2^m 00
— r_1	—	—	3^m 00
— r_2	—	—	3^m 00
— r_3	—	—	3^m 00
— r_4	—	—	4^m 00
— R_0	—	—	3^m 00

La chute et la partie supérieure du glacier du Casset sont toujours très mouvementées.

Il a *diminué* sur toute la longueur de la moraine de la rive gauche ; les écoulements sont très forts.

On a encore exploité de la glace cette année.

Massif des Rousses.

GLACIER DE SAINT-SORLIN.

Émile Pic, 1899.

Front du glacier. — Alignement, établi le 23 juin 1899.

Modifications observées le 21 octobre 1899.

De R_0 au glacier.	Recul constaté.	2^m 00
— r_1	—	—	1^m 00

De r_2 au glacier. Recul constaté. 1^m 50

— r_3 — — 2^m 00

— R_o — . — 4^m 00

Le glacier de Saint-Sorlin a beaucoup *reculé ;* il a diminué d'épaisseur sur ses deux rives, mais principalement sur sa rive gauche. La partie supérieure est toujours très crevassée.

GLACIER DES QUIRLIES.

Émile Pic, 1899.

Front du glacier. — Alignement, établi le 22 juin 1899.

Modifications observées le 20 octobre 1899.

De R_o au glacier. Recul constaté. 2^m 00

— r_1 — — 3^m 00

— r_2 — — 2^m 00

— r_3 — — 4^m 00

— r_4 — — 1^m 50

--- r_5 — — 2^m 00

— R_o — — 3^m 00

Le glacier de Quirlies a *diminué d'épaisseur ;* sa rive droite est toujours très accidentée et sa partie supérieure est encaissée.

GLACIER DU GRAND-SAUVAGE.

Émile Pic, 1899.

Front du glacier. — Alignement, établi le 22 juin 1899.

Modifications observées le 20 *octobre* 1899.

De R_0 au glacier.   Recul constaté. 2^m 00

— r_1 —   — 3^m 00

— r_2 —   — 2^m 00

— r_3 —   — 3^m 00

— R_0 —   — 4^m 00

Le glacier du Grand-Sauvage a subi des changements depuis les courses faites par Ém. Pic avec M. Termier (1892), il est toujours très crevassé et très encaissé, mais il a *diminué*. Il en est de même de sa partie supérieure ; les chutes sont à peu près les mêmes.

Glaciers de la vallée de Valsenestre.

Observations de Georges Bernard, 1899.

Glacier au sud-ouest de la Muzelle.

Ce glacier, qui ne porte pas de nom sur la carte de l'Oisans, de Duhamel, est situé au Sud-Ouest de la Muzelle et *diminue d'une façon continue* depuis de longues années.

Il s'étendait autrefois sur une longueur de 700 mètres et une largeur de 400 mètres, dimensions réduites aujourd'hui à 400 et 250. L'épaisseur moyenne du glacier est d'environ 40 mètres.

Glacier de Coin-Charnier.

Ce glacier se trouve à l'Ouest de la pointe Swan ; il a actuellement 300 mètres de longueur sur 100 mètres de largeur. La *diminution* totale qu'on a pu constater est de 40 mètres de longueur et 100 mètres de largeur.

L'épaisseur moyenne est de 30 mètres ; la diminution estivale pendant l'année 1899 a été de 4 mètres à la surface.

GLACIER COURBÉ.

Ce glacier se trouve à l'Ouest de la pointe Marguerite ; il présente un plateau supérieur large de 400 mètres, suivi d'une chute assez crevassée large de 250 mètres.

Il a reculé d'environ 100 mètres sur une largeur de 150 mètres.

Pendant l'année 1899, la *diminution* a été de 7 mètres sur la rive droite et de 5 mètres sur la rive gauche.

Glaciers de la vallée de Valjouffrey.

Observations de Georges Bernard, 1899.

GLACIER DU GRAND-VALLON.

Ce glacier, le plus grand du Valjouffrey, se trouve à l'Ouest de l'Aiguille des Arias ; il a actuellement 600 mètres de longueur, 400 mètres de largeur et 60 mètres d'épaisseur moyennes. Deux grandes crevasses, larges de 20 mètres environ, le coupent d'une rive à l'autre.

Son front a *reculé* de 200 mètres environ, sur la largeur totale de 400 mètres.

Le plateau supérieur est relié à la base du glacier, qui s'étale en pente assez douce, par une chute crevassée, dans laquelle s'ouvrent, vers la rive droite, deux grottes de glace.

Pendant l'année 1899, la diminution estivale a été de 8 mètres sur la rive gauche et de 10 mètres sur la rive droite.

GLACIER DU PETIT-VALLON.

Ce glacier, situé au Sud-Ouest de l'Aiguille des Arias, a 400 mètres de longueur, 150 mètres de largeur et 40 mètres d'épaisseur. Il descendait autrefois 150 mètres plus bas. Sa partie moyenne est coupée de grandes crevasses.

En 1899, il a *reculé* de 10 mètres vers la rive droite et de 6 mètres à la rive gauche.

GLACIER AU SUD DE L'AIGUILLE ROUSSE.

La carte du Haut-Dauphiné ne donne pas ce nom à ce petit glacier, qui flanque les parois sud de l'Aiguille Rousse.

Il s'étend sur 300 mètres de longueur et 150 mètres de largeur ; son front, très abrupt, s'est *retiré* d'environ 100 mètres ; en 1899, la *diminution* a été de 4 mètres.

800 mètres plus bas, se trouve un petit lac.

GLACIER DU FOND-DE-TURBAT.

Situé à l'Ouest de l'Aiguille d'Olan, ce glacier a 200 mètres de longueur sur 250 mètres de largeur, l'épaisseur moyenne au sommet est de 50 mètres.

A la base, la surface abandonnée par le glacier mesure 60 mètres de longueur sur 200 mètres de largeur.

Le *recul*, pendant l'année 1899, a été de 5 mètres.

Glacier du Devoluy (ou Dévolui).

Ce glacier, qui se trouve au Nord du Pic des Souffles, porte dans le Valjouffrey le nom de glacier du Devoluy (ou Dévolui), nom que nous lui avons conservé.

Très encaissé entre les deux parois rocheuses qui le limitent, il n'a plus que 300 mètres de longueur sur 200 mètres de large au sommet et 100 mètres seulement à la base. De nombreuses crevasses le coupent profondément en tous sens et pendant l'année 1899, plusieurs avalanches de glace s'en sont détachées et sont descendues jusqu'au fond de la vallée.

En somme, c'est un glacier qui tend à disparaître.

Massif de Chambeyron.

Glaciers de Marinet (Basses-Alpes).

M. André Antoine, de Combe-Bremond (Maurin) qui nous a, plusieurs fois déjà, fait gracieusement parvenir de précieux détails sur les massifs de la Haute-Ubaye, nous a envoyé en juillet 1899 une note sur les *glaciers de Marinet* et plusieurs dessins fort curieux représentant l'état actuel de cette région ; voici le résumé de ces indications :

Quoique les piquets placés en 1895 par M. André Antoine, pour le compte de la Société, aient été enlevés

15

par les avalanches, cet observateur a pu néanmoins constater quelques faits intéressants.

Les glaciers de Marinet sont dans une *période de diminution très nettement accentuée*, ainsi qu'il est facile de s'en assurer en observant la roche qui forme le lit du glacier et qui montre partout et au contact du glacier, au-dessous des surfaces depuis longtemps découvertes, patinées et revêtues de *lichens* (« moisissures » dans le langage montagnard), une bande claire et fraîchement moutonnée « qu'on dirait découverte du jour même ». Ce contraste est surtout très net pour les surfaces des quartzites triasiques qui encaissent le glacier vers l'Est et le Nord-Est.

M. Antoine ajoute :

« D'après des renseignements qui m'ont été fournis par des personnes âgées ayant parcouru ces parages, il se serait produit depuis quelques années un *grand retrait,* ce qui correspond exactement avec mes observations.

« Pendant ces quatre dernières années, la surface du glacier n'a pas diminué attendu que les neiges n'ont pas disparu, ce qui m'a du reste empêché de remettre des piquets.

« Cette année, au mois de juillet, les grandes hauteurs sont encore couvertes de neige. Si la surface n'a pas baissé ces dernières années, le contraire s'est produit sur le *front* du glacier. Les 15 et 16 août dernier, j'ai constaté un retrait sensible de ce front. Ce retrait est particulièrement facile à reconnaître au *glacier du Brec-de-l'Homme* ou **Petit-Glacier**, le front de ce glacier étant découvert tandis qu'au **glacier de l'Aiguille-de-Chambeyron** ou **Grand-Glacier**, le front est masqué par des matériaux de transport glaciaires. Bien qu'on ne puisse pas y placer de marques, attendu que la moraine est mobile, on se rend exactement compte du retrait. En observant le front du glacier, on voit en effet toutes les années, les matériaux s'ébouler et le glacier rester à nu, ce qui ne pourrait pas se produire s'il n'y avait pas retrait. »

« Dans le vallon de Chillol il ne reste que les névés de hauts sommets. Je suis même étonné qu'à ces altitudes, plus élevées que les parties moyennes des glaciers de Marinet, les glaciers aient ainsi disparu. Il serait très avantageux pour la Société des Touristes que de temps à autre quelque touriste compétent vienne faire une apparition dans notre pays ; beaucoup de choses peuvent échapper à mes observations. »

TROISIÈME PARTIE

CONCLUSIONS ET RÉSULTATS GÉNÉRAUX [1]

Les chapitres qui précèdent contiennent le détail des renseignements recueillis depuis une dizaine d'années sur les principaux glaciers dauphinois ; il importe maintenant de dégager de cette enquête quelques résultats généraux. Les lignes qui suivent résument donc ce que les nombreuses indications accumulées dans le travail qu'on vient de lire présentent d'important et de particulièrement intéressant.

Il a semblé utile de donner, pour chacun des glaciers mentionnés, un petit résumé comprenant les principales observations existant sur son passé et sur son état actuel. Ce travail n'a été fait que pour 26 glaciers ; on a choisi de préférence ceux sur lesquels la Société avait réuni le plus de renseignements (Glacier de la Bonne-Pierre, etc.) ou ceux dont la position présentait quelque intérêt (glaciers de Marinet, de Valsenestre, etc.). Nous aurions voulu pouvoir l'étendre à certains champs de glace d'une grande importance (glacier du Mont-de-Lans), ainsi qu'à des glaciers considérables, que nos ressources ne nous ont pas permis de mettre en observation, ou pour lesquels la collaboration des guides nous a fait défaut. Les travaux du prince

[1] Par MM. Kilian et Flusin.

Roland Bonaparte s'étaient, en effet, étendus, en 1890 et 1891, à 34 glaciers ; les lecteurs qui désireront compléter les résultats ci-après pourront donc se reporter aux publications de cet auteur [1].

***

Massif du Pelvoux. — Bassin du Vénéon.

GLACIER DU CHARDON.

Le glacier du Chardon est en *décroissance* depuis 1870 environ. Depuis cette époque, son front recule constamment et, en 1891, ce mouvement atteignait 10 mètres par an (R. Bonaparte).

Depuis 1893, les moyennes des nombres recueillis par la Société des Touristes sont les suivantes :

1893.   Recul estival : 7 m. 20 en moyenne.

1893-1894.   — annuel : 6 m. 20 en moyenne.

1895.   — estival : 4 m. 70 en moyenne.

1895-1899.   — annuel : 10 m. 30 en moyenne.

En 1891, la partie moyenne du glacier diminuait d'épaisseur (R. Bonaparte). Dans la suite les pyramides riveraines (voir à la suite de cette notice la photographie : pyramide de la Société pour l'étude des glaciers) des deux alignements nᵒ 1 (partie moyenne inférieure) et nᵒ 2 (partie moyenne supérieure) ont servi à mesurer cette diminution.

[1] Les variations périodiques des glaciers français. *Ann. C. A. F.*, t. XVII et XVIII. 1890 et 1891.

Alignement n° 1.

Rive droite :

1893. Diminution de 0 m. 90.
1894.   —   1 m. 00.
1895.   —   0 m. 15.
1899. Gonflement de 0 m. 15.

Rive gauche :

1893. Diminution de 9 m. 80.
1894.   —   1 m. 10.
1895. Stationnaire.
1899. Diminution de 4 m. 90.

Alignement n° 2.

Rive droite :

1893 Diminution de 2 m. 15.
1894.   —   0 m. 95.
1895.   —   1 m. 50.
1899. Gonflement de 11 m. 50.

Rive gauche :

1893. Diminution de 3 m. 10.
1894.   —   1 m. 70.
1895.   —   0 m. 50.
1899. Gonflement de 8 m. 00.

L'examen de ces résultats permet de croire qu'un *mouvement prochain de crue est probable.*

Le front du glacier du Chardon, photographié en août 1899 (voir la photographie à la suite de cette notice) se présente sous la forme d'une excavation à parois assez abruptes, creusée sur la rive droite. Le glacier lui-même est complètement recouvert d'une

épaisse couche morainique sur une assez grande longueur. On voit aussi que le glacier du Petit-Chardon
s'est séparé du glacier principal.

Glacier de la Pilatte.

Le glacier de la Pilatte a *reculé depuis 1860* d'environ 600 à 700 mètres (R. Bonaparte). Au dire des
habitants les plus âgés du village de La Bérarde, il
s'avançait autrefois presque jusque vers le torrent de
Coste-Rouge.

La vitesse avec laquelle recule le front du glacier
semble diminuer depuis 1895, ainsi qu'on en peut juger
d'après les nombres suivants :

> 1893.   Recul estival. 11 m. 40 en moyenne.
> 1893-1894.   —   annuel. 12 m. 40 en moyenne.
> 1895.   —   estival. 7 m. 00 en moyenne.
> 189?-1899.   —   annuel. 6 m. 70 en moyenne.

Nous allons voir d'autre part que l'ablation de la
partie moyenne du glacier a diminué graduellement
d'intensité pendant ces dernières années et qu'il se
produit *actuellement un gonflement notable.*

Rive droite :

> 1893. Diminution de 6 mètres.
> 1894.   —   4 m. 20.
> 1895.   —   0 m. 50.
> 1899. Gonflement de 18 m. 50.

Rive gauche :

> 1893. Diminution de 6 m. 30.
> 1894.   —   1 m. 50.
> 1895.   —   0 m. 50.
> 1899. Gonflement de 13 mètres.

Le glacier de la Pilatte présente donc tous les symptômes caractéristiques d'une *crue prochaine*.

Pour montrer l'intérêt que peut offrir, au point de vue documentaire, la photographie des fronts de glaciers à différentes époques, nous publions ici [1] deux phototypies représentant l'une le glacier de la Pilatte en 1884 et l'autre le même glacier en 1899. La *comparaison* de ces deux épreuves permet, au premier coup d'œil, de se rendre compte du recul et de l'ablation considérables qu'a subis le glacier de la Pilatte pendant cette période.

Nous reproduisons d'autre part [2] (voir la Pl. intitulée : Séracs du glacier de la Pilatte) la partie qui s'étend au pied des Bans et de la Pointe de la Pilatte et qui constitue son bassin d'alimentation ; toute cette région du glacier, coupée de profondes crevasses, a subi dernièrement un *gonflement sensible*.

Enfin, la vue du *glacier du Says* [3], prise du glacier de la Pilatte, nous montre que ce glacier, qui était autrefois tributaire du glacier de la Pilatte, *a reculé* à une assez grande distance.

GLACIER DE LA BONNE-PIERRE.

Le glacier de la Bonne-Pierre était en *décroissance* depuis 1865 environ ; ce mouvement de décrue, qui diminuait depuis 1890, *s'est arrêté* en 1895 et, de 1895 à

---

[1] Voir les Pl. annexées à la présente notice.
[2] *Ibid.*
[3] *Ibid.*

1899, la poussée du front a *renversé* les points de repère qui avaient été placés contre la glace.

1893. Recul estival : 4 m. 80 en moyenne.
1893-1894. Recul annuel : 5 m. 90 en moyenne.
1895. Stationnaire.
1895-1899. Stationnaire avec poussée de la glace.

Dans sa partie moyenne, le glacier, autrefois en voie de diminution, paraît avoir augmenté d'épaisseur vers 1890 (R. Bonaparte), pour diminuer ensuite et *se gonfler de nouveau* à partir de 1895.

Rive droite :

1893. Diminution de 7 m. 20.
1894.   —   2 m. 80.
1895.   —   5 m. 00.
1899. Gonflement de 10 mètres.

Rive gauche :

1893. Diminution de 46 mètres.
1894.   —   1 mètre.
1895. Observation impossible.
1899. Gonflement de 17 mètres.

Le *front du glacier de la Bonne-Pierre* présente actuellement une disposition remarquable ; il a l'aspect d'une falaise de glace. On n'a pas observé, au pied de cette falaise, de pente brusque ou de ressaut rocheux sur lequel le glacier ait pu former une crevasse transversale et une chute de séracs, alors qu'il descendait plus bas, et dont la falaise actuelle serait la lèvre d'amont subsistant seule après la disparition de la portion inférieure à la chute.

16

Au contraire, en 1884, le glacier se terminait en une croupe de pente uniforme, descendant plus bas que le front actuel. En 1887, il existait déjà une falaise, mais à forme convexe vers l'aval ; en 1892, cette falaise a pris la forme *concave*. Ceci résulte de différentes photographies, communiquées par M. H. Duhamel, et de l'examen d'une vue du glacier de la Bonne-Pierre prise en août 1888, du sommet de la Tête de la Maye, par M. Sella.

M. Duhamel nous a aussi signalé l'énorme différence de débit du torrent de la Bonne-Pierre le jour et la nuit ; cette différence est beaucoup plus forte que dans aucun autre glacier de l'Oisans.

On peut se demander avec M. Duhamel s'il ne serait pas possible d'expliquer la forme particulière du front de ce glacier par la compression à laquelle doit être soumise la glace du fait du *rétrécissement brusque* du lit du glacier en ce point

Néanmoins il nous paraît difficile de voir dans cette falaise frontale autre chose que l'altération par la fusion et l'ablation, de la lèvre amont d'une *ancienne crevasse transversale,* provoquée par une *différence de pente* du lit du glacier, différence de pente que le talus de débris morainiques empêche sans doute actuellement de reconnaître.

Photographies prises en août 1899 (v. les Pl. annexées à cette notice) : *Front* du glacier de la Bonne-Pierre ; *Moraine latérale* du glacier de la Bonne-Pierre : cette moraine, à profil aigu, domine d'une assez grande hauteur la rive droite du glacier qu'elle suit sur toute sa longueur. Au niveau du front actuel, elle est double et même triple.

Le glacier n'occupe pas toute la largeur de la vallée et, du côté nord, la moraine le sépare d'une *dépression* très accentuée.

Massif du Pelvoux. — Bassin de la Gyronde.

GLACIER DU SÉLÉ.

Le glacier du Sélé *recule* depuis 1870 environ, d'après les renseignements recueillis en 1890 par le prince R. Bonaparte. En 1891 et 1892, le front du glacier était *stationnaire*, avec un *gonflement* manifeste sur le plateau supérieur (R. B.)

En 1893 même, P. Estienne et Barnéoud observaient un avancement estival de 10 mètres au front et un *gonflement* de 2 mètres sur le plateau.

Mais, dès l'année suivante, le glacier reprenait son mouvement *de décrue* (5 mètres en 1894 ; 9 mètres en 1895), mouvement qu'il continue encore aujourd'hui.

Le glacier du Sélé se termine actuellement au-dessus et à quelque distance d'une barre rocheuse qu'il franchissait autrefois pour former un petit glacier remanié. La *séparation des deux glaciers*, que Barnéoud fait remonter à 1885 environ, est antérieure à 1883, car, sur une photographie de M. Henri Ferrand prise en juillet 1883, on voit très nettement la barre rocheuse émerger déjà sur toute sa longueur.

Le petit glacier inférieur a perdu chaque année de son importance et, en septembre 1899, il avait presque disparu.

La partie supérieure du glacier du Sélé et les glaciers qui en sont tributaires, tels que les glaciers de l'Ailefroide, ne semblent pas, au contraire, avoir subi de diminution manifeste. Si on compare en effet la photographie des glaciers de l'Ailefroide, prise en août 1899 [1] du glacier du Sélé, avec la photographie bien connue de Sella [2], prise à peu près du même point, on remarque tout d'abord que les névés supérieurs sont moins importants en 1899 ; mais les conditions climatériques exceptionnelles des trois années qui viennent de s'écouler suffiraient à expliquer cette décroissance, sans qu'il soit besoin d'invoquer une diminution régulière et normale du bassin d'alimentation glaciaire.Par contre, les parties inférieures des glaciers de l'Ailefroide n'ont pas sensiblement varié et la configuration des parties rocheuses émergentes reste la même.

Glacier Blanc.

Les renseignements qui ont pu être recueillis sur la marche du glacier Blanc, aux époques antérieures aux études du prince R. Bonaparte et de la Société des Touristes, permettent de distinguer trois périodes :

De 1800 à 1865, période de crue.
De 1865 à 1886, période de décrue.
Depuis 1886, période de crue.

La vitesse avec laquelle le glacier Blanc avançait vers 1886 était très grande ; elle atteignait encore une cen-

---

[1] Voir les Pl. faisant suite à cette notice.
[2] Reproduite par la *Revue des Alpes dauphinoises*, n° 9, 15 Mars 1899.

taine de mètres par an vers 1890 (R. B.), pour diminuer progressivement les années suivantes et devenir
nulle en 1899 (S. T. D.).

1891-1892.	Avancement annuel.	41^m 00 (R. B.).
1892-1893.	—	20^m 00
1893-1894.	—	20^m 00
1894-1895.	—	10^m 00
1895-1899.	—	Stationnaire.

L'avenir nous apprendra si la *période de crue* dans
laquelle se trouve le glacier Blanc depuis 14 ans doit
être considérée comme terminée ou si le mouvement
d'avancement du glacier n'a subi qu'un arrêt acciden-
tel, résultant des conditions climatériques défavorables
qui se sont présentées au cours de ces dernières
années.

Nous donnons, à titre de document, une photographie[1], prise en 1899, du refuge Tuckett, de la seconde
chute de séracs du glacier Blanc.

Cette belle chute de séracs relie les deux plateaux
glaciaires en décrivant une courbe prononcée ; actuellement elle présente sensiblement le même aspect
qu'en 1883, ainsi que le montre un cliché de M. Henri
Ferrand ; la rive droite semble avoir cependant éprouvé
une légère diminution.

Glacier Noir.

En 1860, le glacier Noir, auquel venait se joindre le
glacier Blanc, s'avançait jusqu'au pré de Madame Carle ;

---

[1] Voir les Pl. faisant suite à cette notice.

dans un croquis d'après nature, pris en 1859 par M.
Émile Guigues, d'Embrun, on voit en effet la jonction
des deux glaciers nettement indiquée.

Il n'en est plus ainsi aujourd'hui, car si le glacier
Blanc qui a commencé à diminuer en même temps que
le glacier Noir, vers 1865, a regagné la plus grande
partie du terrain qu'il avait perdu, le glacier Noir a reculé d'environ 2 kilomètres et *continue* encore en 1899
son *mouvement de décrue*.

Pourtant l'intensité de ce mouvement semble avoir
diminué, car un recul de 2 kilomètres en 40 ans comporte un retrait annuel de 50 mètres et nous voyons
que dans les 10 dernières années ce chiffre est loin
d'avoir été atteint :

1891-1892.	Recul annuel.	10^m 00 (R. B.)
1892-1893.	—	10^m 00
1893-1894.	—	8^m 00
1894-1895.	—	9^m 00
1895-1899.	—	9^m 00

Photographies[1]. — Nous reproduisons la vallée du
glacier Noir et la *chute du glacier Blanc,* pris des environs du refuge Cézanne, au pré de Madame Carle, en
août 1899. Le front du glacier Noir se trouve bien en
dehors des limites de la photographie ; le glacier Blanc,
au contraire, qui, en 1886, s'arrêtait au replat dominant
les rochers de la rive droite, n'aurait plus que peu de
chemin à parcourir pour atteindre, ainsi qu'il le faisait
en 1860, l'ancien lit du glacier Noir.

[1] V. les Pl. annexées à la présente notice.

Nous avons aussi pensé qu'il pouvait être de quelque intérêt de donner l'aspect[1] que présentait, en 1899, la *source du glacier Noir*. La grotte glaciaire d'où s'échappe le torrent d'écoulement était encore recouverte par une avalanche descendue des rochers du Pelvoux. *Parmi les cailloux recueillis dans cette grotte, un assez grand nombre ont des formes arrondies, analogues à celles de galets fluviatiles ; d'autres présentent des surfaces planes et lisses et des stries indiquant nettement qu'ils ont fait partie d'une moraine de fond.*

Ce fait mérite d'être remarqué, l'existence de galets *roulés* sous-glaciaires, mêlés au reste de la moraine de fond, ayant été niée par certains géologues.

Dans toute sa partie inférieure et sur une grande longueur, le glacier est caché sous une couche continue et assez épaisse de débris rocheux. De plus, la glace, intimement mêlée aux particules terreuses provenant de là désagrégation des roches, présente une *coloration noirâtre* et terne ; c'est sans doute cet aspect, bien différent de celui du glacier Blanc, dont la surface n'est souillée par aucune moraine et où la glace a des reflets bleus d'une grande limpidité, qui a valu au glacier Noir le nom qu'il porte.

Derrière le bloc qui se trouve au milieu du front et sur la ligne d'horizon de la photographie, s'ouvre dans la glace un entonnoir, à moitié plein d'eau, de 10 mètres environ de diamètre.

---

[1] Voir les Pl. annexées à la présente notice.

GLACIER DE SÉGURET-FORAN.

(Gl. de l'Eychauda.)

La période de *décrue,* dans laquelle se trouve encore actuellement le glacier de Séguret-Foran, semble dater de 1870 environ.

Le glacier descendait alors jusqu'au lac de l'Eychauda ; mais, en 1890, il en était déjà fort éloigné et continuait son mouvement de recul (R. Bonaparte).

La *vitesse* avec laquelle se retire le glacier depuis cette époque oscille entre des limites assez rapprochées :

1890-1891.	Recul annuel.	8^m 00	(R. B.)
1893.	Recul estival.	7^m 00	
1893-1894.	Recul annuel.	5^m 00	
1894-1895.	—	8^m 50	
1895-1899.	—	13^m 00	

Rien ne fait présager un changement de régime.

Massif du Pelvoux (Meije). — Bassin de la Romanche.

GLACIER DU LAC.

De 1858 à 1876 environ, le glacier du Lac *a reculé* de 500 mètres. Il est ensuite resté *stationnaire pendant 16 ans,* de 1876 à 1892. (R. B.) [1]

En 1893, année à laquelle Émile Pic a commencé ses

---

[1] Ces initiales signifient que ces résultats sont dus aux observations du prince Roland Bonaparte.

mesures, il a même accusé une crue estivale de 1 m. 50;
mais, depuis cette époque, il est entré dans une *période
très nette de décrue,* bien que pendant l'été son front
ne se soit que faiblement retiré :

1894.	Recul estival moyen.	1^m 80
1895.	—	0^m 80
1899.	—	2^m 80

GLACIER DU VALLON.

En 1862, le glacier du Vallon descendait 300 mètres
plus bas qu'en 1890 (R. B.), époque à laquelle son
mouvement de *décrue* semble avoir subi un *arrêt.*

En effet, les observations effectuées pendant les étés
de 1893, 1894, 1895, ne signalent pas de recul sensible
du front. Il n'en est pas de même en 1899 où un recul
estival moyen de 6 mètres et l'examen des lieux montrent que le *glacier a repris son mouvement de décrue.*

GLACIER DU RATEAU.

De 1869 à 1892, c'est-à-dire en 23 ans, le niveau du
glacier du Râteau, à la base des Enfetchores, n'a baissé
que de 3 m. 50, ce qui, pour un aussi long laps de
temps, correspond à un *état stationnaire.* En 1891, le
prince R. Bonaparte a même remarqué un *avancement*
de 13 mètres au front, ainsi qu'un *gonflement* de la
partie supérieure du glacier.

Mais, depuis 1893, les mesures et les observations
d'Émile Pic prouvent que le glacier du Râteau est en
décrue croissante :

17

1893. Stationnaire.

1894.   —

1895. Recul moyen de 0 m. 80.

1899.   —   2 m. 50.

L'épaisseur du front du glacier a diminué et la chute de séracs qui le dominait a disparu.

GLACIER DE LA MEIJE.

En 1889, M. Forel donne le glacier de la Meije comme étant en *crue* manifeste.

En effet, si, en 1860, le glacier descendait 150 mètres plus bas qu'en 1890 (S. T. D.), il avançait néanmoins depuis 1884 avec une très grande vitesse (R. B.). Venant se briser du haut d'une muraille de 50 mètres, il formait à la base de cet à-pic un nouveau glacier qui, augmentant rapidement d'épaisseur, venait en 1892 se souder à lui (R. B.).

Pourtant, *stationnaire* en 1892, le glacier de la Meije reprend et accentue son *mouvement de décrue,* en même temps que le gonflement de la partie supérieure se transforme en diminution notable.

Massif du Pelvoux. — Bassin de la Guisane.

GLACIER DU MONESTIER.

En 1890, le prince R. Bonaparte constatait que le glacier du Monestier *avançait* lentement, la longueur recouverte étant de 12 mètres de 1890 à 1891. Or, en 1894, Émile Pic trouvait que de grands changements s'étaient produits depuis 4 à 5 ans et que le glacier avait *reculé* d'au moins 50 mètres.

Il est donc probable que la *période de crue* a cessé en 1891 et il est certain que, depuis ce moment, le glacier *décroît* d'une manière continue.

Le recul estival moyen qui, en 1895, n'était que de 0 m. 15, s'est élevé en 1899 à 2 mètres.

De plus, dans le bassin supérieur, il s'est produit une solution de continuité entre la branche glaciaire descendant des Agneaux et le glacier lui-même.

Glacier du Casset.

De 1890 à 1891, le glacier du Casset *a avancé* de 39 mètres (R. B.).

Depuis cette époque, les observations d'Émile Pic accusent bien un recul estival moyen de 0 m. 80 en 1895 et de 3 mètres en 1899, car on ne saurait se fier aux mesures qui ont été communiquées en 1893 et reconnues fantaisistes. Mais l'exploitation de la glace qui s'opère au front du glacier rend quelque peu illusoires les déductions qu'on pourrait tirer des chiffres publiés ; d'autre part, Émile Pic n'a pas remarqué de changements notables, si ce n'est que le glacier, qui gonflait en 1890 (R. B.), a diminué d'épaisseur sur la rive gauche.

Il semble donc qu'on puisse conclure, sous toutes réserves, à l'*état stationnaire* du glacier du Casset.

Massif des Aiguilles d'Arves.

Glacier Lombard.

Le glacier Lombard *recule* depuis 1878 avec une grande rapidité.

, De 1878 à 1892, son front s'est retiré de 200 mètres environ, soit 14 mètres par an.

De 1893 à 1894, la décrue a été de 11 mètres, soit 11 mètres par an.

De 1893 à 1899, la décrue a été de 99 mètres, soit 16 mètres par an.

On voit que la vitesse de recul présente une constance remarquable, pendant une période de 21 ans.

La partie supérieure du glacier continue à diminuer d'épaisseur, de sorte que rien ne permet de prévoir un changement prochain de l'état de choses actuel.

Massif des Rousses.

GLACIER DE SAINT-SORLIN.

En 1892, le glacier de Saint-Sorlin *reculait* (R. B.) ; il a continué en 1899 son mouvement de *décrue*.

GLACIER DES QUIRLIES.

En 1865, le glacier des Quirlies descendait environ 400 mètres plus bas qu'en 1892 (R. B.), époque à laquelle il semble *stationnaire*.

Il est probablement aujourd'hui stationnaire ou en *faible décrue*.

GLACIER DU GRAND-SAUVAGE.

Le glacier du Grand-Sauvage est en période de *décrue*.

Massif du Pelvoux. — Glaciers de la vallée de Valjouffrey.

Glacier du Grand-Vallon. — Recule depuis 50 ans environ; tous les glaciers de cette région semblent d'ailleurs être entrés en même temps *en décrue.*

Recul total : 200 à 300 mètres.

Diminution estivale en 1899 : 8 à 10 mètres.

Glacier du Petit-Vallon. — *En décrue.*

Diminution en 1899 : 6 à 10 mètres.

Glacier du Grand-Vallon-Turbat (au Sud de l'Aiguille Rousse). — *En décrue.*

Diminution en 1892 : 10 mètres.

—   1899 : 4 —

Glacier du Fond-de-Turbat. — *En décrue* depuis 50 ans.

Diminution en 1899 : 5 mètres.

Glacier du Dévoluy. — *En décrue* depuis 50 ans. Tend à disparaître.

Massif du Pelvoux. — Glaciers de la vallée de Valsenestre.

Glacier au Sud-Ouest de la Muzelle. — *En décrue* depuis de longues années.

Glacier de Coin-Charnier. — En 1892, stationnaire. En 1899, *stationnaire* ou en décrue.

Glacier Courbé. — *En décrue.*

Massif du Chambeyron.

GLACIERS DE MARINET.

Crue vers 1860, puis décrue.

Une des photographies annexées à ce rapport représente l'état des glaciers de Marinet en 1899 ; elle pourra servir de terme de comparaison pour de futures observations. Nous y avons reporté les indications (noms des glaciers, des pics, etc.) qui se trouvaient sur les dessins très fidèles de M. André Antoine.

L'aspect actuel de ces glaciers accuse une diminution légère sur celui qu'ils offrent dans une photographie faite vers 1894.

Le massif du Chambeyron est situé au Sud des Alpes Dauphinoises : les glaciers qu'il porte sur son *versant nord* sont les seuls appareils glaciaires de la Haute-Provence et *les plus méridionaux qui existent dans la partie française* de la chaîne alpine. A ce titre, ils méritent une attention spéciale et il a semblé utile d'en fixer par une vue photographique les principaux caractères actuels.

* * *

CONCLUSIONS

Vingt-six des principaux glaciers de notre région ont
été, de notre part, l'objet d'observations suivies[1] pendant ces dix dernières années, cette enquête n'ayant
pas pu embrasser la totalité des glaciers qui auraient
pu présenter quelque intérêt.

Sur ces 26 glaciers étudiés, un certain nombre de
ceux sur lesquels existent des observations antérieures
à 1892 ont subi, dans leur *grande phase de décrue*,
datant, suivant les cas, d'une époque comprise entre
1858 et 1870, un *arrêt* de leur mouvement de recul
(glaciers du Lac et du Vallon dans le massif de la
Meije, versant nord) et même une période *de crue
passagère* (crue de fin du XIXe siècle de M. Forel)
(glaciers du Râteau, de la Meije, du Monêtier, du

---

[1] On trouvera dans nos premiers rapports (v. plus haut,
p. 26, etc.) des renseignements sur *divers autres* glaciers de la
région ; mais ces observations n'ont pas été, comme pour les
26 glaciers dont il s'agit ici, poursuivies d'une *façon continue*
jusqu'en 1899. Nous ne les prendrons donc pas en considération
dans ce résumé.

Un *répertoire complet* des Glaciers dauphinois avec, pour
chacun d'eux, la mention bibliographique des données qui ont
été publiées à son sujet, serait d'une réelle utilité ; nous comp-
tons en provoquer la publication dans un des prochains Annuaires de la Société.

Des travaux *de précision,* tels que levers de plans, mesures au
théodolite, etc., seraient également nécessaires pour que nos
Glaciers fussent aussi bien connus que ceux des Alpes centrales
et orientales.

Casset, du Sélé), pendant une période comprise, suivant les cas, de 1889 à 1893. Ces derniers sont situés sur les versants nord et nord-est des massifs de la Meije et de Séguret-Foran, sauf le glacier du Sélé qui regarde l'Est.

A l'exception du glacier Blanc (versant sud-est du Pelvoux) et du glacier du Casset (versant nord-est du massif de Séguret-Foran), qui semblent encore *stationnaires*, tous (24) les glaciers en observation sont aujourd'hui en *décrue* manifeste. Les glaciers de la région méridionale du Massif du Pelvoux (Glaciers du Valsenestre et du Valjouffrey) en particulier, accusent une réduction telle que leur disparition complète est à craindre pour un avenir peu éloigné; il en est de même du Glacier Lombard au Nord de la Romanche, dont le bassin d'alimentation est peu étendu. Les Glaciers des Grandes-Rousses se signalent également, mais à un moindre degré, par leur décrue constante. Cependant un gonflement, précurseur d'une crue prochaine, se produit actuellement pour *trois* glaciers (Chardon, Bonne-Pierre, Pilatte), appartenant tous au cirque du Vénéon.

Le *Glacier Blanc* (versant sud-est du Pelvoux), l'un des plus grands de la région, s'est toujours singularisé par le défaut de concordance de ses phases avec celles des autres glaciers du Pelvoux.

En crue jusqu'en 1865, il a décru de 1865 à 1886, est entré *en crue* depuis cette dernière date et a continué jusqu'en 1899 une croissance qui n'a été que passagère pour 5 de ses voisins et ne s'est pas manifestée pour les autres (crue de fin du XIXᵉ siècle de M. Forel). Il serait curieux de rechercher les causes

de ce régime spécial si différent de celui du Glacier
Noir pourtant si proche du Glacier Blanc.

Ces résultats concordent, dans leurs grands traits,
avec ceux qui ressortent des dernières études sur les
variations des glaciers suisses, notamment avec ceux
qui sont portés sur la carte de M. Forel publiée dans le
18ᵉ rapport *sur les Variations périodiques des Glaciers
des Alpes,* en 1897, rédigé par MM. F.-A. Forel, E.
Lugeon et M. Muret (*Ann. du S. A. C.,* t. XXXIII,
1897) et avec les données mentionnées dans le 19ᵉ rapport (1898) des mêmes auteurs (*Ann. du C. A. C.,*
t. XXXIV (1899).

Dans les Alpes dauphinoises ainsi que dans les Alpes
suisses, il est beaucoup de glaciers qui n'ont pas subi
la crue de fin du XIXᵉ siècle et, chez ceux qui l'ont manifestée, la durée de cette phase a été *très variable.* S'il
y a encore chez nous comme dans toutes les Alpes,
quelques retardataires de cette crue de fin du xixᵉ siècle, la grande majorité de nos glaciers est, ici comme
ailleurs, en phase manifeste de décrue. Cependant le
gonflement observé (voir plus haut) chez trois glaciers
du bassin du Vénéon peut être interprété comme l'indice précurseur d'un prochain changement de régime
qui pourra s'étendre plus tard à d'autres glaciers.

Ces faits suggèrent la réflexion que les *variations
des glaciers, bien que semblant obéir à des lois générales, sont loin de se produire avec un synchronisme de
détail rigoureux dans les différents appareils glaciaires
d'un même massif.* En outre l'exposition de chacun d'eux
ne semble pas avoir une influence *exclusive* sur ces
divergences de détail dont les causes paraissent être

complexes et tenir à un ensemble de conditions locales d'ordre à la fois topographique et météorologique, notamment à la nature de leur bassin de réception.

Il semble également que, depuis le milieu du siècle, les crues constatées, même celle si considérable du Glacier Blanc, ne soient que des accidents ou des retards dans le phénomène général de décrue des glaciers alpins.

Tels sont les résultats généraux de l'enquête organisée par notre Société sur les variations des principaux glaciers dauphinois

Nous ne nous dissimulons pas l'imperfection et l'insuffisance de ces observations, surtout lorsque nous les comparons aux belles et si précises monographies publiées en Suisse et en Autriche.

Si la Société des Touristes du Dauphiné n'a pas rallié aux études glaciaires un nombre d'adeptes aussi grand qu'elle l'espérait, elle a du moins conscience d'avoir fait ce qui dépendait d'elle et de ses modestes ressources pour sauver de l'oubli quelques faits intéressants de l'histoire de nos glaciers et pour grouper et transmettre aux générations futures des documents qui, sans elle, auraient été en partie perdus.

La publication de ces matériaux a été grandement facilitée par une importante subvention que l'*Association française pour l'avancement des Sciences* a bien voulu accorder à l'un de nous (M. Kilian) et qui a permis de joindre à cette notice les Planches photographiques dont le lecteur appréciera l'intérêt. Ces photographies qui fixent l'aspect actuel de nos principaux glaciers constitueront dans l'avenir de précieux termes de comparaison.

ENNEIGEMENT
ET CLIMATOLOGIE

La quantité de neige qui tombe annuellement sur nos montagnes est le facteur le plus important des variations glaciaires. Le rapport de cette quantité à la somme, totalisée en grandeur et en durée, des températures supérieures à 0°, atteintes pendant chaque saison, influe, en outre, par ses variations, sur la limite des neiges persistantes et par conséquent sur le débit et sur l'avenir immédiat des torrents des Alpes. On conçoit donc l'importance scientifique que présentent les recherches relatives à l'enneigement et les efforts tentés pour découvrir les lois qui en régissent les variations périodiques.

A cette curiosité se joint un *intérêt pratique* incontestable lorsqu'on considère le rôle que jouent depuis quelques années, dans les contrées montagneuses, les *forces motrices* que nos cours d'eau, alimentés par les névés ou les glaciers, mettent au service des industries électriques et lorsqu'on envisage la valeur que sont appelées à prendre dans l'avenir les moindres sources d'énergie.

La Société des Touristes du Dauphiné a cru bien faire en réunissant parallèlement aux indications concernant les appareils glaciaires proprement dits, tous les renseignements qu'elle a pu se procurer sur l'enneigement des Alpes dauphinoises et en provoquant,

autant qu'il était en son pouvoir, les observations nivométriques [1].

Les résultats ainsi obtenus ont été en partie publiés
dans nos Annuaires ; ils peuvent être résumés comme
suit.

[1] Des indications bibliographiques sur les travaux récents
concernant ce sujet, ont été publiées dans les Annuaires (t. XVI,
p. 170, t. XVII, p. 234, t. XX, pp. 207-211, p. 216) de la Société.

1891-92.

A la suite des articles de vulgarisation « Neige et Glaciers » publiés dans nos Annuaires [1] et de l'appel
adressé aux membres de la Société, dans le but de
réunir des renseignements sur l'enneigement des Alpes, M. Kilian a reçu de M. Arnaud, notaire à Barcelonnette, l'intéressante lettre suivante, qu'il a été heureux de communiquer à la Société des Touristes, tout
en adressant publiquement à M. Arnaud ses félicitations pour son intelligente initiative :

« Barcelonnette, le 9 janvier 1892.

« MON CHER MONSIEUR KILIAN,

« J'ai lu avec intérêt votre article des « Neiges et
« Glaciers ».

« Le paragraphe « Altitude » est très clair et m'a
« beaucoup appris sur les causes de refroidissement
« dues à l'altitude. Vous auriez pu ajouter, pour les
« vallées des pays de montagnes, la diminution des
« heures normales de soleil, à qui les montagnes de
« l'Est, Midi et Ouest servent d'écran. Certains villa-
« ges n'ont, en hiver, que deux ou trois heures de soleil,
« et Méolans, par exemple, en est privé pendant qua-
« rante-deux jours.

[1] V. plus haut, p. 8.

« Dans les avalanches de poussière, la cause qui les
« détermine le plus souvent est, en effet, le vent qui,
« tourbillonnant dans l'entonnoir supérieur, soulève la
« neige, met la masse en mouvement et se précipite
« avec elle.

« En voici un exemple effrayant : En février 1879,
« une jeune fille de la Barge, étant à Maljasset (1er et
« 2e hameau de Maurin), voulait rentrer chez elle à
« midi.

« Elle pria deux jeunes gens de l'accompagner, leur
« promettant de leur faire des beignets à l'arrivée. Les
« gens sages ne leur conseillaient pas de s'aventurer,
« car il ventait sur les cimes ; « les chamois, comme
« on dit ici, faisaient leur cuisine », et les crêtes fu-
« maient.

« La jeune fille s'entêta et les jeunes gens, à qui elle
« fit honte de leurs hésitations, se décidèrent.

« Comme d'habitude, des gens des deux villages,
« distants d'un kilomètre environ, observaient leur
« marche. L'audacieux trio se hâtait, la tête tournée
« vers le Nord, d'où ils craignaient l'avalanche de pous-
« sière. Elle partit du Midi, les roula et les en-
« terra.

« Tous les spectateurs, armés de pelles et de perches
« accoururent à leur secours, en appelant à grands cris
« le reste des habitants des deux villages. Ils retirè-
« rent la jeune fille qui, roulée dans l'eau du ruisseau
« d'Ubaye, ne fut pas complètement enterrée et put
« être dégagée de la neige que l'eau fondait en
« partie.

« Tout à coup, l'avalanche de poussière du Nord se
« précipite sur les travailleurs et les recouvre, ainsi que
« la jeune fille arrachée à la mort.

« Tous les efforts des deux villages ne purent sauver
« que trois des sinistrés : la jeune fille et six autres
« personnes trouvèrent la mort dans cette catas-
« trophe.

« Et les anciens disaient que c'était folie de s'a-
« venturer quand la montagne fumait.

« C'est surtout pour les avalanches de printemps
« qu'un bruit de voix seulement, le passage d'un
« homme ou d'un animal qui les coupe, la chute d'un
« bloc que le dégel arrache au flanc du rocher, surtout
« la chute d'une corniche de neige et quantité d'événe-
« ments imprévus déterminent le sinistre quand la
« neige est lourde et mouillée (ce qu'on appelle ici
« *mata*) et prête à glisser, entraînée par son propre
« poids. Ce sont ces avalanches qu'on pourrait le mieux
« éviter, car toujours une imprudence est à l'origine
« des catastrophes d'avalanches de printemps.

« La neige de ces avalanches est un vrai mortier et il
« suffit d'une avalanche de 10 mètres de long pour
« engloutir un homme. Le docteur Cain, allant à Fours,
« escorté de quatre douaniers, voulut en traverser une
« de cette taille, par bravade, et pour voir. Elle partit :
« sur les cinq hommes roulés, deux étaient libres, un
« engagé jusque sous les aisselles, et les deux autres,
« enterrés, n'auraient pu se dégager seuls, quoique à
« peine recouverts, tellement ils étaient serrés. Il a
« fallu une grosse heure aux trois camarades pour les
« dégager.

. . . .

« Nous devons, aux premiers jours de février, lors-
« que la neige battra son plein, aller, avec le comman-
« dant d'artillerie de la région, à la batterie de Vyraisse

« (2,760 ᵐ), où, à ma prière, on fait des observations
« barométriques et thermométriques journalières, sur
« la hauteur de neige tombée et les heures de soleil
« par jour. Ce sera intéressant d'avoir une année com-
« plète. Je l'aurai et vous la communiquerai. Jusqu'ici
« le résultat me surprend : ils n'ont que 2° ou 3° de
« froid de plus qu'ici. Ils n'ont pas atteint — 18° encore
« et ils ont 4 h. 1/2 de soleil au solstice d'hiver. —
« Neige tombée : 5 ou 6 mètres.

« *Post-scriptum*. — Au printemps de 1879, les ava-
« lanches rasèrent dans la vallée 12,000 arbres vieux
« (chiffre officiel), y compris la forêt de la Tinette à
« Maurin, composée d'arbres de 200 ans (28 mai
« 1879).

« Les corniches de neige accumulées par le vent font
« presque toujours face au Midi.

« Il doit y avoir là une question de consolidation de
« la muraille par le dégel du jour, favorisé par l'expo-
« sition au soleil, et le gel de la nuit.

« Signé : Arnaud. »

L'excursion d'hiver annoncée dans cette lettre fut
effectuée le 7 février 1892 par M. Arnaud, à Viraysse
(2,760ᵐ); notre confrère nous a promis communication
des observations météorologiques et nivométriques
qu'il a faites pendant cette course et qu'il a dû continuer cet hiver et ce printemps. Le thermomètre de la
batterie de Viraysse marquait, d'après la relation de
M. Arnaud [1], au milieu du jour, le 7 février, 6° au-des-

[1] *Journal de Barcelonnette*, 20 février 1892.

sous de zéro dans un coin abrité, en plein Midi, et 11°
au-dessous de zéro au Nord et dans un lieu non pro-
tégé.

1892-93.

Sur la demande du président de la Société, M. le
Général commandant le 14ᵉ corps d'armée a consenti
à nous communiquer des documents météorologiques
précieux qui nous ont été d'un très grand secours pour
étudier l'enneigement des Alpes françaises; nous le
prions ici de bien vouloir agréer les vifs remerciements
de la Société des Touristes du Dauphiné.

L'État-Major de la 27ᵉ division d'infanterie a fait
parvenir également, avec beaucoup de complaisance, à
la Société des statistiques fort intéressantes sur les
quantités de neige tombées et sur les températures
observées dans les postes d'hiver pendant l'hiver 1892-
1893.

Quatre nivomètres ont été construits par la Société
d'après les indications de M. le professeur Forel, de
Morges (Suisse), auquel la science est redevable de si
remarquables travaux sur la physique des glaciers.

Trois d'entre eux ont été placés dans des stations
choisies par la commission, le Lautaret (2,050ᵐ), la Bérarde (1,738ᵐ), le col de Valgelaye (2,250ᵐ) près Barcelonnette, et permettront d'évaluer l'enneigement
des principales régions des Alpes dauphinoises.

Un quatrième appareil a été mis à la disposition de
M. le Général commandant le 14ᵉ corps d'armée et
pourra servir de modèle pour les nivomètres que l'on

se propose d'établir dans les postes d'hiver récemment créés sur les points élevés de notre frontière alpine.

La Société a décidé, d'autre part, qu'un instrument de ce genre serait placé dans le jardin qu'elle vient d'établir sur la montagne de Chamrousse (1,875m), à l'extrémité sud-ouest de la chaîne de Belledonne.

Lorsque tous ces nivomètres seront installés, il sera possible de se rendre un compte très exact des chutes de neige et des variations de l'enneigement dans notre région. Ce n'est qu'en 1894 que nous pourrons présenter les premiers résultats de ce service d'informations, nos instruments n'ayant été mis en place qu'au printemps de 1893.

Ajoutons que l'intérêt de ces observations ne pourra se manifester qu'après une période assez longue pour qu'il soit possible de déterminer la marche générale (augmentation ou diminution), continue ou périodique, du phénomène d'enneigement.

A. — Documents fournis par diverses personnes.

Au commencement du mois d'avril 1893, la vallée de la Haute-Ubaye et les pentes qui la dominent étaient dépourvues de neige jusqu'au col Tronchet (M. *Arnaud*, de Barcelonnette).

En avril de la même année, on pouvait, d'après M. *André Antoine*, aller au Grand-Rubren presque sans rencontrer de neige. Par contre, le vallon de Mary en était encore obstrué, jusqu'à peu de distance des carrières de marbre.

Le col Tronchet et le massif de Font-Sancte étaient dégarnis de neige à la même époque.

Le 17 mai 1893, d'après M. *Arnaud,* la neige était
en train de disparaître du sommet du Chapeau-de-Gen-
darme ou Lan (Olan) (2,687^m), près de Barcelonnette.

Lors d'une course d'hiver faite aux baraquements
de Viraysse, le 7 février 1892, M. *F. Arnaud* a fait les
remarques suivantes qui peuvent avoir un certain intérêt au point de vue des précautions à prendre dans
la détermination de la température en montagne.

« Ayant des doutes sur l'exactitude du thermomètre
à minima de Viraysse qui nous donnait, par dépêche,
des températures égales à celles de Barcelonnette,
j'avais apporté le mien pour le comparer. Ils sont complètement d'accord et marquent tous deux —6 ; mais
je ne m'étonne plus de la douceur relative du climat de
Viraysse accusée par son thermomètre. On l'a cloué
sur du bois, sous l'abri d'un toit en planches, en plein
midi, dans un vrai cagnard, et je suis certain qu'il
marque 5 degrés de froid de moins qu'à l'air libre
et en plein champ. »

« J'ai eu cette différence à la même fenêtre entre
deux thermomètres parfaitement concordants et placés
en dehors de la fenêtre, l'un appliqué le long du mur
sur le montant de la fenêtre et l'autre accroché à l'ap-
puie-main en fonte. Le premier, plus abrité, marquait
5 degrés de moins de froid que le second, au Nord. »

Les observations sur l'enneigement ayant peu d'intérêt à Barcelonnette même au fond d'une vallée, et
présentant une plus grande opportunité au col d'Allos
(2,250^m) ou de Valgelaye, la Société a, sur la demande
de M. Arnaud, fait placer un nivomètre en ce point.
Cet instrument est placé sous la surveillance du can-
tonnier et sous la direction de M. DELPIT, ingénieur
des ponts et chaussées.

AVALANCHES. — M. *F. Arnaud,* notaire à Barcelonnette, nous a envoyé la note suivante :

« Un jeune homme d'Allos, Fr. Lèbre, chassant
beaucoup en hiver, a été entraîné déjà cinq fois par les
avalanches. La dernière fois, en 1891, il a été déterré
par des camarades et n'aurait pas échappé tout seul,
ayant 40 centimètres de neige sur la tête et 1 m. 50
sur les pieds. Les quatre autres fois il s'est tiré d'affaire tout seul. Ce jeune homme prétend que lorsqu'on
se sent entraîné par l'avalanche, il ne faut pas chercher à se retenir, mais bien au contraire se lancer la
tête en bas et nager avec toute la vigueur dont on est
capable. En faisant énergiquement les mouvements du
nageur, surtout avec les bras, on a beaucoup plus de
chance de toujours se tenir près de la surface, seul
moyen d'être sauvé. M. Lèbre a réussi sur des distances de 150 à 400 mètres et n'a été enterré la dernière
fois que parce que l'avalanche avait sauté un escarpement d'une dizaine de mètres.

« D'autres personnes qui ont également eu à faire à
l'avalanche ont confirmé le dire de François Lèbre,
garçon énergique, sérieux et nullement vantard. »

B. — Documents météorologiques fournis par l'Administration militaire.

Nous extrayons ce qui suit des importantes statistiques que M. le général baron Berge a bien voulu communiquer à notre Société.

Un service d'observations météorologiques fonc-
tionne régulièrement dans les stations militaires de nos
Alpes qui, ainsi qu'on le verra par l'énumération ci-

après, forment par leur ensemble un réseau fort étendu et très propre à fournir, par les relevés qui y sont exécutés, une idée très exacte des conditions climatériques dans les hautes régions des Alpes.

Les postes d'hiver pourvus d'instruments de météorologie sont les suivants :

Tarentaise.

Redoute Ruinée..........	Altitude :	2.412	mètres.
Truc....................	—	1.550	—
Chapieux...............	—	1.550	—
Séloge	—	1.825	—
Vulmis.................	—	1.070	—

Maurienne.

L'Esseillon..............	Altitude :	1.320	mètres.
La Turra	—.	2.500	—
Lans-le-Bourg...........	—	1.400	—
Le Replaton	—	1.200	—
Le Sapey	—	1.750	—
Le Replat	—	1.150	—
Le Télégraphe	—	1.600	—

Environs d'Albertville.

Albertville..............	Altitude :	—	—
Le Mont	—	1.180	—
Tamié..................	—	952^m (environ).	

Briançonnais.

Briançon (porte d'Embrun)	Altitude :	1.275	mètres.
Infernet...............	—	2.350	—

Gondran, ouvrage C...... Altitude : 2.450 mètres.

— — D..... — 2.420 —

Olive.................. — 2.250 —

Croix de Bretagne........ — 2.000 —

La Seyte................ — 2..125 —

La Cochette............. — 2.353 —

Plampinet.............. — 1.488 —

Les Acles............... — 2.250 (ou 2.309^m ?)

Mont Dauphin.......... — 1.050 —

Queyras.

Château-Queyras......... Altitude : 1.425 mètres.

Bassin de l'Ubaye.

Tournoux (Fort-Moyen)... Altitude : 1.515 mètres.

Baraquement de l'Ubaye.. — 1.348 —

Vallon Claus............ — 2.100 —

Larche................. — 1.697 —

Roche de la Croix........ — 1.900 —

Vyraisse............... — 2.765 —

Baraquement de Vyraisse. — 2.520 —

Cuguret................ — 1.864 —

Jausiers............... — 1.250 —

Saint-Vincent.......... — 1.320 —

D'après les documents officiels, un *neigeomètre (nivomètre,* était établi par les soins de l'Administration militaire du 14ᵉ corps d'armée, à la date du 1ᵉʳ mai, à Briançon (porte d'Embrun), altitude : 1,275 mètres.

Lorsque les ressources le permettront, chacun des postes désignés plus haut recevra le complément des instruments qui lui sont nécessaires. L'installation complète sera achevée le 31 décembre 1894.

Rappelons qu'un de nos nivomètres a été précisément mis à la disposition de l'Administration militaire pour servir de type à ceux qu'elle pourra faire construire.

Les autres instruments déposés dans les postes susmentionnés sont :

1° Thermomètres à maxima et minima ;

2° Thermomètre sec ordinaire ;

3° Baromètre ;

4° Hygromètre ;

5° Pluviomètre ;

6° Anémomètre ;

7° Des carnets d'observations pour consigner les relevés journaliers.

Ces 37 stations sont situées (sauf Albertville) à des altitudes variant de 800 à 2,775 mètres (Vyraisse) ; 13 sont à des altitudes dépassant 2,000 mètres et toutes les autres (Albertville excepté) à des hauteurs de plus de 1,000 mètres.

M. le Général commandant le 14e corps nous a fait parvenir également une suite de *courbes* représentant (températures maxima et minima) les variations de la température et de l'enneigement pendant l'hiver 1891-92 dans une série de postes d'hiver. Ces courbes ont été données sur les pp. 287 à 292 de l'Annuaire n° XVIII de la Société. Nous les reproduisons ici.

Elles sont fort instructives.

1° *Observations météorologiques faites sur les températures maxima et minima pendant l'hiver 1891-92.*

(Documents fournis par l'Administration militaire.)

Baraq.^{ts} des Chapieux *(alt. 1550^m)*

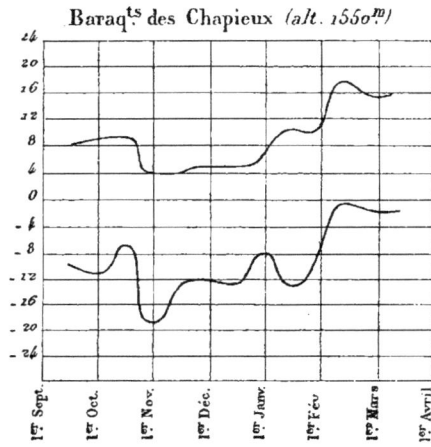

Fig. 11.

Baraquements des Acles *(alt. 2250^m)*

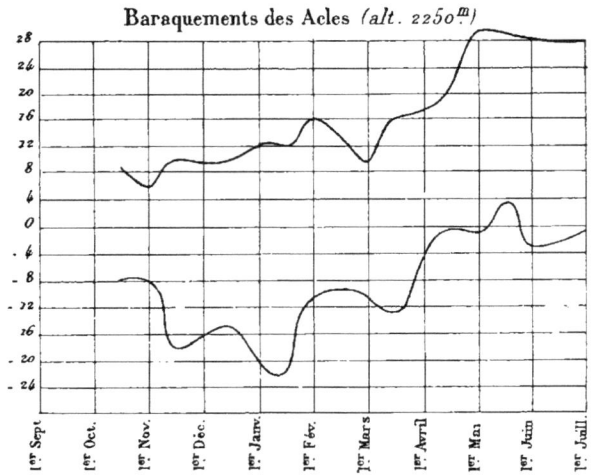

Fig. 12.

L'Olive *(alt 2250ᵐ)*

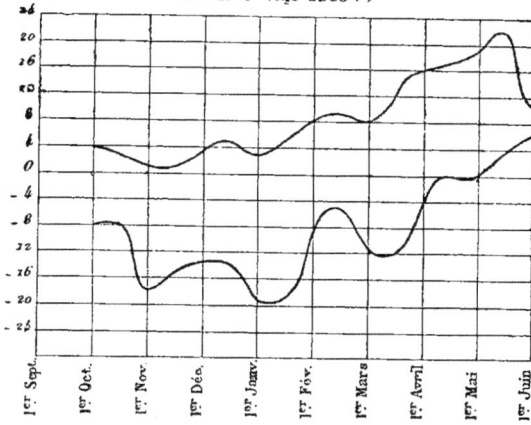

Fig. 13.

Gondran C *(alt. 2450ᵐ)*

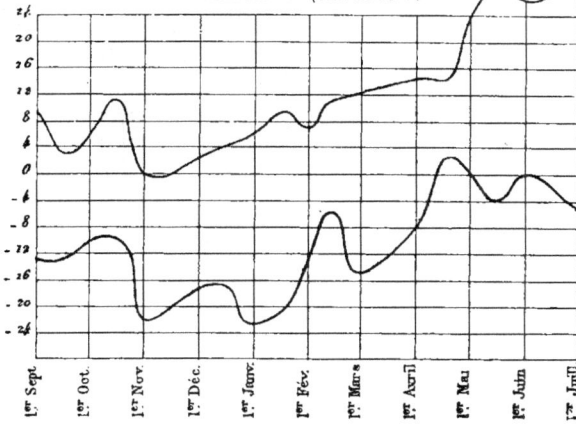

Fig. 14.

20

L'Infernet *(alt. 2350 m)*

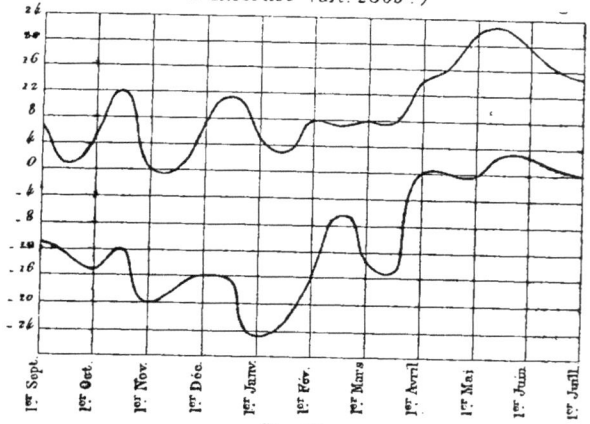

Fig. 15.

Croix de Bretagne *(Alt. 2000 m)*

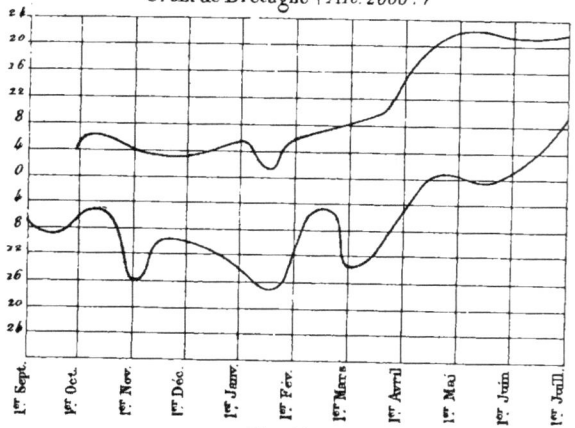

Fig. 16.

Baraquements de Vyraisse *(alt. 2520ᵐ)*

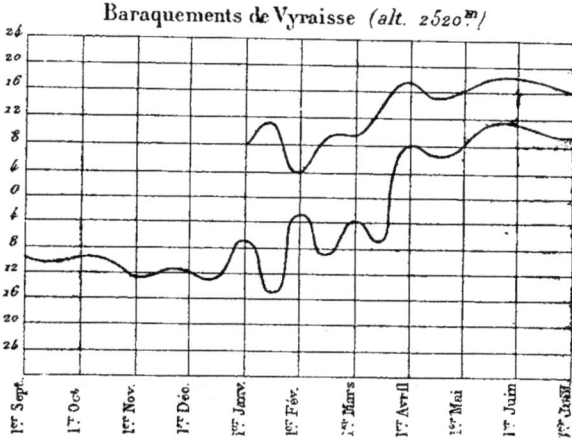

Fig. 17.

2º *Observations faites sur les hauteurs de neige pendant l'hiver 1891-92.*

(Documents communiqués par l'Administration militaire.)

Baraqᵗˢ des Chapieux *(alt 1550ᵐ)*

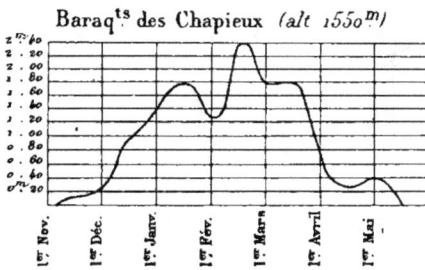

Fig. 18.

— 156 —

Les Acles (Baraquements) *alt 2250^m*

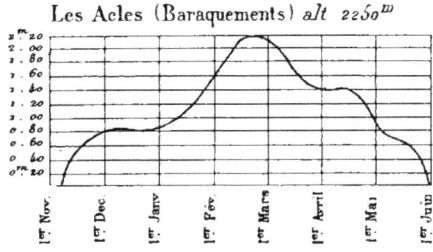

Fig. 19.

L'Olive *(alt. 2250^m)*

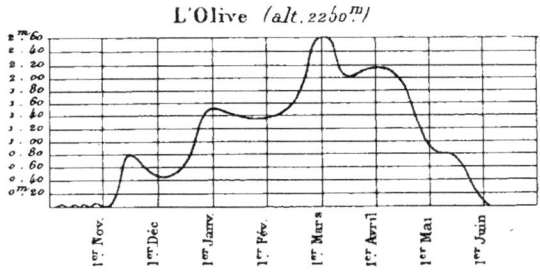

Fig. 20.

Gondran C *(alt. 2450^m)*

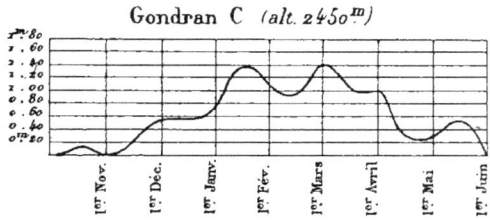

Fig. 21.

l'Infernet *(alt. 2350 m)*

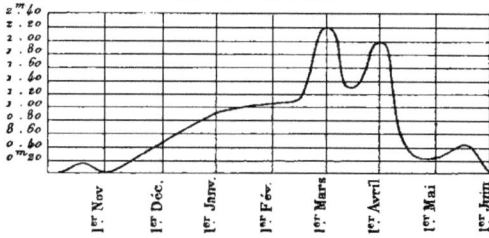

Fig. 22.

Croix de Bretagne *(alt. 2000 m)*

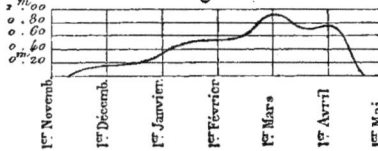

Fig. 23.

Baraquements de Vyraisse *(alt. 2520 m)*

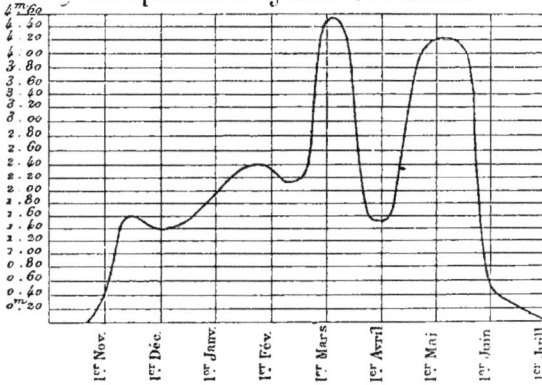

Fig. 24.

Malgré de notables divergences de forme, on est frappé de voir dans les courbes d'enneigement, notamment pour les stations les plus méridionales et vers la fin de l'hiver, *deux maxima séparés* par une courte période de diminution.

Les plus grandes hauteurs de neige tombée pendant l'hiver 1891-92 correspondent, tantôt à ces deux maxima, tantôt à l'un d'eux.

Aux Chapieux (1,515 m. d'altit.), le maximum de neige tombée a été de 2 m. 40 (milieu de février); la neige a subsisté jusqu'au milieu de mai.

Aux Acles (2,250 ou 2,309 m.? d'altit.), le maximum 2 m. 20 a été atteint vers le 1er mars ; la neige a persisté jusqu'au 1er juin.

A l'Olive (2,250 m. d'altit.), maximum 2 m. 60 le 1er mars ; neige disparue le 1er juin.

Au Gondran (2,460 m. d'altit.), maximum 1 m. 40 le 1er mars.

A l'Infernet (2,350 m. d'altit.), maximum 2 m. 20 le 1er mars ; neige disparue le 1er juin.

A la Croix de Bretagne, près de Briançon (2,000 m. d'altit.), maximum 1 m. 90 ; neige disparue au milieu d'avril.

Aux baraquements de Vyraisse (2,520 m. d'altit.).

Ici les deux maxima se font bien sentir :

4 m. 45 le 1er mars.

1 m. 45 le 1er avril.

4 m. 20 le 15 mai.

La neige ne disparaît que le 1er juillet.

La *station de Vyraisse* est remarquable en ce qu'elle fournit constamment des maxima bien plus considérables que les autres stations et que ces maxima diffèrent notablement de ceux de la batterie de Vyraisse (2,765 m.), située à peu de distance. Ces différences sont dues à la position très encaissée des baraquements, dans un lieu où les vents accumulent la neige, et où elle demeure longtemps à l'abri du soleil.

Les courbes de température (v. fig. 18 à 24) mettent en évidence le fait constant de la coïncidence des chutes de neige avec de notables élévations de température.

Nous relevons comme *minima* atteints :

Hiver 1891-1892.   19° le 1er novembre, Chapieux (altit. 1,550 m.).

—   22° le 15 janvier, les Acles (altit. 2,250 ou 2,309 m.?).

—   20° le 15 janvier, Olive (altit. 2,250 m.).

—   22° les 1er novembre et 15 janvier, Gondran (altit. 2,450 m.).

—   24° le 1er janvier, l'Infernet (altit. 2,350 m.).

—   15° fin janvier, Vyraisse (altit. 2,520 m.).

On voit que les grands froids se sont principalement produits dans la première moitié de l'hiver, et les chutes de neige avec température plus élevée dans la seconde moitié.

Pour l'hiver 1892-93, M. le Général commandant la 27e division d'infanterie a eu l'obligeance de communiquer au Bureau de la Société les observations météorologiques faites journellement par quatorze postes d'hiver.

Nous avons réuni dans le tableau ci-joint les principaux résultats de cette statistique. En les comparant avec les données de l'hiver 1891-92 que nous venons de relater, on est frappé de voir que les maxima de neige tombée ont été en général notablement moins forts en 1892-93, sauf aux baraquements de Vyraisse où il a pu se produire des accumulations accidentelles, cette station étant, comme nous l'avons déjà fait remarquer, dans une situation exceptionnelle.

Les *maxima* atteints en 1892-93 sont :

Vyraisse (baraquements) (2,520 m. d'altit.), maxima 4 m. 80 de neige le 15 mars 1893.

Gondran, ouvrage C (altit. 2,450 m.), maxima 2 m. 55 de neige le 28 février.

Batterie de Vyraisse (altit. 2,765 m.), maxima 2 m. 43 de neige le 28 février.

Ces maxima se sont produits dans les postes les plus élevés.

Les stations dans lesquelles il est tombé le *moins de neige* sont :

Plampinet (altit. 1,488 m.), maximum de neige : 0 m. 60 le 25 février 1893.

Croix de Bretagne (altit. 2,000 m.), maximum de neige : 0 m. 76 le 5 mars.

Cuguret (altit. 1,864 m.), maximum de neige : 0 m. 95 le 28 février.

Les statistiques thermométriques indiquent constamment pour ce dernier poste, situé dans la partie la plus méridionale de la région étudiée ici et à une altitude inférieure à 2,000 mètres, des chiffres plus élevés que pour les autres stations.

Un tableau inséré à la page 296 de l'Annuaire de la Société pour 1892 (t. XVIII) donne les quantités de neige existant dans les diverses stations militaires alpines du 25 février au 25 mai 1893. Nous renvoyons à ce tableau sans le reproduire ici.

Les statistiques journalières permettent, en donnant d'une part la quantité de neige tombée chaque jour, et de l'autre la couche subsistant après ces chutes, lorsque les températures maxima n'ont pas été suffisamment élevées pour amener la fonte, de constater un notable *tassement* de la neige.

Notons encore, d'après les documents fournis par l'État-Major de la 27ᵉ division :

Du 28 février au 6 mars. — Une notable fusion de la neige tombée (sauf aux baraquements de Vyraisse) ; aucune chute de neige.

Du 5 au 10 mars. — Même observation (il neige un peu à Plampinet).

Du 10 au 20 mars. — La neige a disparu des postes de Plampinet, la Cochette, la Seyte et Cuguret (elle ne reparaîtra plus jusqu'à la fin de l'hiver dans ce dernier poste).

Du 21 au 25 mars. — Chute de neige, qui ne reste pas, à Plampinet.

Fin mars — Plampinet et Cuguret sont les seuls postes où le sol soit dépourvu de neige.

21

9 avril. — Chute de neige, néanmoins l'épaisseur de la couche diminue partout, sauf à la batterie de Vyraisse où elle augmente de 5 centimètres.

Du 26 au 29 avril. — Chute de neige à Plampinet, Vyraisse.

Du 8 au 10 mai 1893. — Chute de neige presque partout, mais elle ne tarde pas à disparaître.

Les renseignements sur les chutes de neige étaient accompagnés d'indications thermométriques très détaillées.

1893-94.

Un rapport sommaire seulement a été publié dans lequel il est rendu compte des principales observations faites pendant l'année écoulée, dans les termes suivants [1] :

« Les données qui suivent montreront à nos lecteurs que le service d'observation institué par notre Société continue à fonctionner régulièrement, et que, grâce surtout à la généreuse libéralité de l'Administration du XIVᵉ corps d'armée, la Société a enrichi ses archives de documents d'un très grand intérêt sur la climatologie des Alpes françaises. On pourra en juger, du reste, par l'analyse détaillée qui en sera faite dans le prochain Annuaire. Remarquons aussi que la création du jardin alpin de Chamrousse, et les expériences que son directeur se propose d'y faire, rend doublement *utiles* la réunion et la publication de tout ce qui con-

[1] *Annuaire S. T. D.,* t. XIX, pp. 129 et suiv.

cerne le climat et l'enneigement des Alpes dauphinoises. Ces observations permettront seules, en effet, de diriger d'une façon quelque peu sûre les essais d'acclimatation de céréales et autres plantes utiles, qui seront tentés sous peu par M. le professeur Lachmann, dans notre région.

« Le Conseil d'Administration de la Société des Touristes du Dauphiné est heureux de pouvoir présenter publiquement au Général commandant le XIVe corps d'armée l'expression de sa profonde reconnaissance pour la libéralité avec laquelle il n'a cessé de lui faire parvenir tous les documents pouvant faciliter l'œuvre qu'elle poursuit et en augmenter la portée.

« La Société prie aussi toutes les personnes qui lui ont fourni des observations de recevoir ses remerciements pour leur utile collaboration. »

« *L'État-Major du XIVe corps d'armée* a communiqué à notre Société les pièces suivantes :

« *a*) Les carnets d'observations météorologiques, pour 1893, de 24 postes d'hiver d'altitude variée dont quelques-uns dépassent notablement 2,500 mètres. Ces carnets renferment les courbes des variations de température pour tous les mois de l'hiver et du printemps, ainsi que de très utiles indications sur l'enneigement.

« M. le *professeur Lachmann* a bien voulu nous aider à dépouiller ces documents et à rectifier les erreurs des courbes thermométriques. Ces dernières ont été copiées et les plus instructives d'entre elles seront publiées dans l'Annuaire de notre Société, à la suite de notre rapport de 1894-95. M. Lachmann a construit également, à l'aide des documents précédemment cités, une série de courbes représentant, pour chaque mois, les variations des températures *maxima* et *minima* dans la plupart des stations énumérées plus haut.

« *b*) Un état détaillé des *quantités de neige tombée* pendant l'hiver 1892-93, dans 14 postes d'hiver des Alpes françaises (Plampinet, les Acles, l'Olive, l'Infernet, Gondran D, Gondran C, Vyraisse, les Chapieux, la Cochette, la Croix-de-Bretagne, Cuguret, la Turra, la Redoute Ruinée et le Truc).

« *L'État-Major de la 27ᵉ division d'infanterie* a continué à nous communiquer régulièrement les feuilles portant les épaisseurs de neige mesurées *tous les jours,* dans 15 postes alpins (Plampinet, la Seyte, l'Infernet, la Cochette, la Croix-de-Bretagne, l'Olive, Gondran (ouvrage C), Gondran (ouvrage D), Janus, Cuguret, Vyraisse, Roche-la-Croix, Vallon-Claus et le col Agnel). Des courbes seront construites à l'aide de ces tableaux et insérées dans notre article de 1895.

« M. *André Antoine,* de Maurin, a continué à nous fournir bénévolement d'utiles indications sur l'enneigement et les variations de température dans la haute vallée de l'Ubaye.

« Le même observateur a établi quelques repères sur le glacier de Marinet. »

Desiderata.— « L'observation des *nivomètres* établis par la Société des Touristes du Dauphiné, en différents points de nos Alpes, n'a donné *aucun résultat*, les personnes chargées de ce soin n'y ayant apporté aucune bonne volonté. Nous désirons vivement qu'il n'en soit pas de même l'hiver prochain ».

1894-95.

Des indications bibliographiques, mentionnant les travaux de MM. Brückner, Zeller, Erck, Forel, etc., relatives à l'enneigement, ont été insérées dans l'Annuaire pour 1894, p. 216.

En outre, le même volume contient le rapport détaillé [1] que voici :

Nous avions commencé à faire connaître les variations de température observées dans les postes d'hiver que l'Administration militaire a établis depuis quelques années sur la frontière alpine

Depuis cette époque, la Société des Touristes a fait en M. le professeur Lachmann une précieuse recrue. Notre éminent collègue s'étant occupé avec activité et succès de la création de jardins alpins en Dauphiné et de l'acclimatation de divers végétaux à de grandes altitudes, a été amené tout naturellement à l'étude des conditions climatériques dans les hautes régions.

Nous avons été heureux de lui céder la coordination des documents recueillis par la Société sur ces questions et dont nous n'avions entrepris la publication que pour ne pas laisser dans l'oubli une foule d'indications

[1] *Annuaire de la S. T. D.*, t. XX, p. 213.

précieuses pour la science. Nous n'avions, en effet,
jusqu'à présent, trouvé parmi nos confrères, déjà très
occupés par des travaux d'un autre ordre, personne qui
voulût se charger de cette tâche.

Nous ne parlerons donc cette année que des documents relatifs à l'enneigement et nous espérons que
cette partie de notre travail ne tardera pas, elle aussi,
à tenter quelque personne moins absorbée que nous
par ses devoirs professionnels et sans doute plus com-
pétente en ce qui concerne la climatologie.

M. Lachmann traitera, dans un article spécial [1], de
tout ce qui concerne les statistiques de météorologie
alpine ; nous croyons utile cependant de publier ici
quelques renseignements recueillis par le Bureau de la
Société, ainsi que quelques données que nous devons
à l'Administration militaire, sur la façon dont est organisé, dans les postes de la frontière, le service des
observations.

Nivomètres.

Les nivomètres établis par la Société en différents
points ont donné les résultats suivants :

1° Le *nivomètre du col de Valgelaye* (col d'Allos) a
été régulièrement observé ; on trouvera plus bas le tableau des observations fournies par cet appareil et recueillies par les soins de M. l'Ingénieur des ponts et
chaussées de Barcelonnette ;

2° Le *nivomètre de la Bérarde*, placé sur le chemin
de la Bonne-Pierre, a été visité par J.-B. Rodier, ainsi

---

[1] Voir à ce sujet : Lachmann et Vidal, *Recherches prélimi-
naires sur la climatologie des Alpes dans ses rapports avec la
végétation. (Ann. Université de Grenoble*, t. VIII, 1896).

qu'on le verra plus bas ; nous regrettons que ce guide n'ait pas multiplié davantage ses observations ;

3° Le *nivomètre du col du Lautaret* que M. Bonnabel, gérant de l'hospice, avait, malgré les avis réitérés de la Société, négligé de placer, n'ayant, nous a-t-il dit, pas trouvé d'exposition propice [1] pour l'instrument, a été, par nos soins, placé à la Grave ; le guide Émile Pic a été chargé de l'observer, ce dont il s'est acquitté avec le plus grand zèle, ainsi que le montrent les renseignements que nous publions plus bas ;

4° Le *nivomètre du Jardin alpin*, confié à M. le professeur Lachmann, n'a pas encore été installé, le jardin de Chamrousse étant abandonné pendant l'hiver, et personne ne pouvant faire les observations [2] hivernales indispensables. Nous espérons que cette lacune sera bientôt comblée.

Il peut être utile et intéressant de signaler ici à nos lecteurs un nouvel appareil nivométrique imaginé par M. le docteur Prompt et décrit dans le *Bulletin de la Société dauphinoise d'anthropologie* [3] (avril 1895, t. II, n° 1).

---

[1] Quant aux autres statistiques nivométriques que nous avait promises M. Bonnabel, elles ne nous sont point parvenues. M. Bonnabel fait chaque hiver de nombreux relevés pour la Commission météorologique des Hautes-Alpes ; — nous n'avons pas réussi à en obtenir communication.

[2] Nous remarquons que, dans tous les cas, il serait préférable de placer, dès à présent, cet instrument. A défaut d'une observation régulière, il pourrait être visité dans le cours de l'une ou l'autre des courses d'hiver qui se multiplient d'année en année. On en tirerait au moins ainsi quelques données isolées qu'il est bien impossible d'avoir tant que le nivomètre ne sera pas placé.

[3] Docteur Prompt : Le climat de l'Oisans ; la mesure de la neige. Grenoble, 1895. (*Bull. Soc. dauph. d'Ethnol. et d'Anthr.*, t. II, n° 1. Avril 1895.)

M. le docteur Prompt a installé deux de ces « neigeo-
mètres » en Oisans : l'un au Bourg-d'Oisans même
(altitude 720ᵐ), l'autre à Vaujany (altitude 1,250ᵐ).

C'est là une heureuse initiative à laquelle on ne saurait trop applaudir et dont les résultats sont appelés à
compléter très utilement les données fournies par les
nivomètres de notre Société.

Nivomètre du Col de Valgelaye [1] ou Col d'Allos.
(Basses-Alpes.)
Altitude : 2,250 mètres.

DATES.	CHUTE DE NEIGE.	OBSERVATIONS.
1ᵉʳ novembre 1893	0ᵐ10	Du 1ᵉʳ novembre 1893 au 7 avril 1894 : 74 jours de beau temps ; 13 jours de tourmente.
10 —	0 08	
18 —	0 06	
4 décembre 1893.....	0 05	
11 —	0 30	
20 —	0 10	
5 janvier 1894........	0 30	
7 —	0 10	
10 —	0 50	
18 —	0 50	
23 —	0 45	
24 —	0 40	
26 —	0 70	
14 mars 1894.........	0 20	
6 avril 1894.........	0 30	
7 —	0 40	
TOTAL......	4ᵐ54	

[1] Établi sur l'initiative de M. F. Arnaud, de Barcelonnette,
par la Société des Touristes du Dauphiné.

Nivomètre du Col de Valgelaye (suite).

DATES.	CHUTE DE NEIGE.	OBSERVATIONS.
14 septembre 1894.....	0ᵐ30	Les observations cessent le 31 mars 1895 ; du 1ᵉʳ novembre au 31 mars : 58 jours beau temps ; 6 de tourmente.
27 —	0 40	
28 décembre 1894.....	0 06	
13 janvier 1895........	0 40	
14 —	0 30	
15 —	0 70	
16 —	0 60	
24 —	0 15	
5 février 1895........	0 15	
8 —	0 20	
9 —	0 10	
11 —	0 15	
12 —	0 08	
14 —	0 05	
21 —	0 10	
25 —	0 25	
26 —	0 25	
4 mars 1895	0 12	
5 —	0 05	
8 —	0 05	
13 —	0 10	
20 —	0 10	
24 —	0 25	
25 —	0 20	
28 —	0 05	
TOTAL......	5ᵐ26	

Observations faites sur le nivomètre de la Grave[1]
par le guide Ém. Pic.

ANNÉE 1894.

Décembre.

La neige a commencé à tomber dans la nuit du 17 au 18.

Relevé sur le nivomètre le 18, à 8 heures du matin : **0 m. 12 cent.**

Dans la nuit du 27 au 28, il y a eu **0 m. 35 cent.** de neige (relevé sur le nivomètre le 28 décembre).

Temps passable jusque vers le 6 janvier.

ANNÉE 1895.

Observations du mois de janvier faites sur le nivomètre.

Du 6 le temps a été très beau, mais très vif jusqu'au 11 ; le 12, temps douteux ; dans la nuit du 12 au 13, vent, la neige a commencé à tomber le 13 matin, vers 8 heures ; le 14 matin : **12 cent.**

Les 15, 16 et 17, neige et pluie.

Relevé le 17 au matin, 8 heures : **0 m. 40 cent.**

Le 20, temps doux et neige.

Relevé le 21, à 8 heures du matin : **0 m. 06 cent.**

Les 23 et 24, neige et pluie.

Relevé le 24 : **0 m. 10 cent.**

---

[1] Ce nivomètre est placé à une altitude d'environ 1,450 mètres, entre l'hôtel Juge et la Romanche, dans un endroit abrité où la neige n'est ni balayée, ni accumulée par le vent.

Les 26 et 27, neige, très froid.

Relevé le 27 matin, 8 heures : **0 m. 07 cent**.

Du 27 au 28, neige, grésil.

Relevé le 28 matin : **0 m. 15 cent**.

Février.

Du 3 au 4, neige.

Relevé le 4 matin, 8 heures, neige tombée : **0 m. 15 cent**.

Du 6 au 7, neige.

Relevé le 8 matin, 8 heures, neige tombée **0 m. 32 cent**.

Du 11 au 12, neige.

Relevé le 12 matin, 8 heures, neige tombée : **0 m. 21 cent**.

Du 15 au 16, neige grésilleuse.

Relevé le 16 matin, 8 heures, neige tombée : **0 m. 07 cent**.

Mars.

Du 4 au 5, neige grésilleuse, puis ensuite pluie et neige.

Relevé le 5, à 8 heures : **0 m. 11 cent**.

Les 10 et 11, neige humide et vent chaud.

Relevé le 11, à 8 heures : **0 m. 09 cent**.

Les 24 et 25, pluie ; les 26 et 27, neige, grésil.

Relevé le 27, à 8 heures : **0 m. 15 cent**.

Le 27, il a recommencé à tomber de la neige molle et pluie vers midi, et le 28, neige molle et pluie.

Relevé le 29, à 8 heures : **0 m. 29 cent**.

Avril.

Le 6, neige, pluie et vent chaud.

Relevé le 7 au matin : **0 m. 12 cent.**

Toutes ces dernières chutes de neige ont complètement disparu en ce moment (fin avril) de la Grave.

Mai.

Du 16 au 17, pluie et neige, très froid, mais avec neige sur les hauteurs.

Juin.

A partir du 2, il a plu, et la neige est tombée très fort sur les hauteurs jusqu'au 12.

L'enneigement du col du Galibier est, d'après divers documents qui nous sont parvenus, éminemment variable. C'est ainsi qu'en 1879, il est resté à peu près impraticable, tandis qu'en 1880, on pouvait y passer dès le mois de juillet, ce qui, depuis, a lieu presque chaque année.

Nivomètre de la Bérarde (alt. 1,738 mètres).

Placé à environ 500 mètres du village, en un lieu abrité du vent, sur le chemin de la Bonne-Pierre. L'appareil est solidement fixé à un poteau bien planté dans le sol.

Observations faites par **J.-B. Rodier** *pendant l'hiver 1894* [1].

20 janvier, 20 centimètre de neige.

28 janvier, 50 — —

---

[1] Ces renseignements sont, comme on le voit, bien peu nombreux, et le guide J.-B. Rodier n'a pas, cette fois, fait preuve de bonne volonté.

M. André Antoine, de Maurin [1], par Saint Paul-
sur-Ubaye, a fait, pendant l'hiver 1893-1894, les observations suivantes qu'il nous a obligeamment trans-
mises :

30 décembre 1893, à 7 heures du matin : —18°
31   Id.   Id.   —21°
1er janvier 1894,   —20°
4   Id.   Id.   —16°
5   Id.   Id.   —17°
9   Id.   Id.   —15°
                                    (Temps clair.)
9   Id.   Id.   à 4 heures du soir : — 4°
                              (Temps couvert et neige.)

« Très probablement, la période froide est terminée ;
« voilà deux ans que nous avons, à la même époque
« et à quelques jours près, une période très froide.
« Peu de neige jusqu'au 9 janvier (0 m.30 dans les bas-
« fonds), cependant le terrain en est couvert partout,
« sauf sur les pentes très accidentées de la rive droite
« où elle a disparu. »

Documents fournis par l'Administration militaire.

Nous avons extrait des pièces nombreuses que M. le
Général commandant le XIVᵉ corps d'armée a bien
voulu communiquer au président de la Société des
Touristes, les données suivantes qui représentent, au
point de vue scientifique, un très grand intérêt :

[1] L'église de Maurin (Maljasset) est à une altitude de 1910
mètres.

État indiquant le nombre et l'espèce des instruments de météorologie dont les postes d'hiver sont pourvus, à la date du 1ᵉʳ mai 1893.

Région	INDICATION des POSTES OU DÉTACHEMENTS ET DE LEUR ALTITUDE.	Thermomètre à maxima et minima.	Thermomètre sec ordinaire.	Baromètre.	Hygromètre.	Pluviomètre.	Neigomètre.	Anémomètre.	Notice et carnet d'observations.	OBSERVATIONS.
Tarentaise.	Redoute-Ruinée (2,412ᵐ)	3	1	2	»	1	»	1	1	Il serait vivement à désirer que les postes soient pourvus de nivomètres (modèle de la S. T. D. ou modèle du Dʳ Prompt), et d'hygromètres enregistreurs. — W. Kilian.
	Truc (1,550ᵐ)	1	1	1	»	»	»	»	1	
	Chapieux (1,550ᵐ)	1	1	1	1	1	»	»	1	
	Séloge (1,825ᵐ)	1	1	1	»	»	»	»	1	
	Vulmis (1,070ᵐ)	1	1	1	1	1	»	»	1	
	Moûtiers	»	»	»	»	»	»	»	»	
Maurienne.	Lesseillon (1,320ᵐ)	1	»	1	»	»	»	»	1	
	La Turra (2,500ᵐ)	1	1	1	1	»	»	»	1	
	Lanslebourg (1,400ᵐ)	1	»	1	»	»	»	»	1	
	Le Replaton (1,200ᵐ)	1	»	»	»	»	»	1	1	
	Le Sapey (1,750ᵐ)	1	1	1	»	»	»	»	1	
	Le Replat (1,150ᵐ)	1	»	»	»	»	»	»	1	
	Le Télégraphe (1,600ᵐ)	1	1	1	1	1	»	1	1	
Environs d'Albertville.	Albertville	»	»	»	»	»	»	1	1	
	Le Mont (1,180ᵐ)	1	»	1	»	»	»	»	1	
	Tamié (environ 952ᵐ)	1	»	»	»	»	»	»	»	
	Lestal (environ 900ᵐ)	»	»	»	»	»	»	»	»	
	Villard-Dessous (450ᵐ)	»	»	»	»	»	»	»	»	
	Aiton (400ᵐ)	»	»	»	»	»	»	»	»	
	Montperché (1,000ᵐ)	»	»	»	»	»	»	»	»	
	Montgilbert (1,380ᵐ)	»	»	»	»	»	»	»	»	
Briançonnais.	Briançon (porte d'Embrun)(1,275ᵐ)	1	1	1	1	1	1	1	1	
	Infernet (2,350ᵐ)	1	1	1	1	»	»	»	1	
	Ouvrage C du Gondran (2,450ᵐ)	1	1	1	1	1	»	»	1	
	Ouvrage D du Gondran (2,420ᵐ)	1	1	1	»	»	»	»	1	
	Olive (2,250ᵐ)	1	1	1	»	»	»	»	1	
	Croix-de-Bretagne (2,000ᵐ)	1	1	»	»	»	»	»	1	
	Plampinet (1,488ᵐ)	1	»	»	»	»	»	»	»	
	Les Acles (2,250 à 2,300ᵐ)	1	1	1	»	»	»	»	1	
	La Seyte (2,125ᵐ)	1	»	»	»	»	»	»	»	
	La Cochette (2,353ᵐ) (p. Briançon)	1	»	»	»	»	»	»	»	
Guil et Durance.	Montdauphin (1,050ᵐ)	1	1	1	»	»	»	1	1	
	Château-Queyras (1,425ᵐ)	1	1	»	»	»	»	1	»	
Région de l'Ubaye.	Saint-Vincent (1,320ᵐ)	»	»	»	»	»	»	»	1	
	Tournoux (fort moyen) (1,515ᵐ)	»	1	1	1	1	»	»	1	
	Baraquement de l'Ubaye (1,300ᵐ)	»	1	»	»	»	»	»	1	
	Vallon-Claus (2,100)(S.O. de St-Paul-s/-Ubaye)	1	1	1	»	»	»	1	1	
	Larche (1,697ᵐ)	1	1	1	1	1	»	1	?	
	Roche-la-Croix (1,900ᵐ)	1	1	1	»	»	»	»	1	
	Viraysse (2,765ᵐ)	1	1	1	»	»	»	»	1	
	Baraquement de Viraysse (2,520ᵐ)	1	1	»	»	»	»	»	»	
	Cuguret (1.864ᵐ)	1	1	1	»	»	»	»	1	
	Jausiers (1,250ᵐ)	»	»	1	»	»	»	»	1	
	Embrun (870ᵐ)	»	»	»	»	»	»	»	»	
	Gap (750ᵐ)	»	»	»	»	»	»	»	»	

A cette liste on ajoutera les localités suivantes où ont
été établis, depuis 1893, 'de nouveaux postes d'observations :

La Platte (altit. 2,000ᵐ). — Haute-Tarentaise.
Le Janus (altit. 2,530ᵐ). — Briançonnais.
Col de Fréjus (altit. 2,500ᵐ). — Massif du Mont-
Cenis.
Col Agnel (altit. 2,498ᵐ). — Queyras.
Les Sollières (altit. 2,700ᵐ). — Massif du Mont-
Cenis.

Il a été distribué à tous ces postes des carnets d'observations météorologiques contenant les instructions
suivantes :

HEURES ET MODE DES OBSERVATIONS.

Heures des observations.

Les observations barométriques, thermométriques
ordinaires, hygrométriques, anémométriques ont lieu
trois fois par jour, à 6 heures du matin, midi, 6 heures
du soir. Dans le cas où l'on ferait des observations à
minuit, le résultat serait porté sur le carnet.

Les températures minima et maxima et la quantité
d'eau tombée dans les 24 heures sont relevées une fois
par jour, à midi.

Dans le cas où le poste posséderait d'autres instruments que ceux indiqués dans la notice, les résultats
des observations faites avec ces instruments seraient
portés dans la colonne « observations » du carnet.

Mode des observations.

Les observations sont faites de la manière suivante :

Thermomètre ordinaire. — Aux heures indiquées, la température est lue sur le thermomètre et portée sur le carnet.

Thermomètre à minima et à maxima. — Chaque jour, à midi, on lit la température maxima et minima sur l'échelle graduée vis-à-vis la partie inférieure du curseur, que l'on ramène ensuite en contact avec la colonne de mercure au moyen de l'aimant.

Les thermomètres devront toujours être à l'ombre, on devra donc les exposer au Nord.

Baromètre. — La hauteur barométrique h est relevée aux heures fixées comme il est indiqué dans la notice.

Psychromètre. — Chaque jour, une heure avant l'heure indiquée pour les observations, c'est-à-dire à 5 heures du matin, 11 heures du matin et 5 heures du soir, mais seulement si la température est égale ou supérieure à $+ 2°$, on remplit d'eau le tube à eau et on le bouche ensuite hermétiquement à la partie supérieure. Puis, à l'heure fixée pour les observations, on note la température t du thermomètre sec, celle t' du thermomètre humide, et l'on calcule l'etat hygrométrique de l'air par la formule $x = F' - \dfrac{0{,}429 \ (t - t')}{610 - t'} \ h$ dans laquelle t et t' sont les températures lues sur les thermomètres du psychromètre, h la hauteur barométrique donnée par le baromètre et F' le nombre correspondant à la température *t'* donnée par la table jointe à la notice.

Le nombre x ainsi trouvé est porté dans la 3ᵉ colonne du carnet d'observations. L'observation terminée, on vide le tube à eau.

Anémomètre girouette. — La direction du vent est donnée par la position du pavillon, sa vitesse est indiquée par la position du curseur qui termine les lamelles sur les trous percés dans le pavillon. La vitesse correspondant à chaque trou est indiquée dans la notice. Si le curseur s'arrête entre deux trous, la vitesse du vent sera la moyenne entre les vitesses correspondantes à ces deux trous.

Pluviomètre. — Pour obtenir la quantité d'eau tombée dans les 24 heures, ayant à midi rempli le pluviomètre d'eau jusqu'à ce que l'eau affleure à la division 0 du tube en verre, on lit le lendemain à midi sur le tube la division à laquelle l'eau affleure au-dessus de 0.

Le nombre ainsi lu donne le nombre de millimètres d'eau tombée dans les 24 heures.

La lecture faite, on ramène le niveau de l'eau à 0, pour préparer l'observation pour une nouvelle période de 24 heures.

Toutefois, afin d'éviter les accidents, *on ne devra faire fonctionner l'appareil que s'il n'y a aucune crainte de gelée.* Dans le cas contraire, l'eau sera complètement vidée et l'appareil couvert.

COURBES DES VARIATIONS DE PRESSION ET DE TEMPÉRATURE.

Les variations barométriques et celles des températures maxima et minima seront représentées par des

23

courbes qui seront construites, comme il est indiqué
ci-dessous, sur les pages de papier quadrillé placées
dans le carnet.

1° *Courbes mensuelles de variations de pression barométrique.*

Pour construire cette courbe, on trace une ligne
horizontale $0\ 0_1$ (voir le modèle ci-joint) représentant
la pression correspondant à l'indication variable du
baromètre du poste (dans l'exemple 650 millimètres).
On construira ensuite la courbe par points en comptant
sur les horizontales, à partir de l'origine 0, les jours et
heures à raison de 2 centimètres par jour, 0 cent. 5 par
période de 6 heures, et sur la verticale correspondant
à chaque observation, une longueur égale au nombre
de millimètres exprimant la différence entre la pression
observée et celle correspondant à l'indication « variable ».
Cette longueur est portée au-dessus ou au-dessous de
la ligne $0\ 0_1$, suivant que la pression observée est
supérieure ou inférieure à la pression de « variable ».
Pour faciliter la lecture, on inscrit en haut de la feuille
et horizontalement les jours du mois de 2 en 2 centimètres et sur la gauche, de centimètre en centimètre
et verticalement, les pressions correspondant à un
nombre entier en centimètres en se limitant à un écart
de 4 centimètres, de part et d'autre de « variable ». De
cette façon, on peut figurer sur une feuille les observations du mois entier, au moyen de deux lignes horizontales $0\ 0_1$ et $0_2\ 0_3$ correspondant, la première aux
15 1/2 premiers jours du mois, la deuxième aux 15 1/2
autres.

Dans l'exemple tracé comme modèle, ayant, par exemple, observé le 2, à 6 heures du matin, une pression de 670 millimètres, on obtient le point B correspondant en portant horizontalement une longueur O A = 2 centimètres 5 (1 jour + 6 heures) et verticalement 2 centimètres (670 — 650).

De même le 3e jour, à 6 heures du matin, ayant observé une pression de 640 millimètres, on a obtenu le point C en portant sur la verticale tracée à 4 centimètres 5 du point 0 (2 jours + 6 heures) une longueur de 1 centimètre (650 — 640 = 10 millimètres). Cette dernière longueur a été portée au-dessous de la ligne 0 0₁ parce que la pression est inférieure à 650 (variable).

La courbe est figurée en réunissant par un trait les différents points obtenus.

Si, comme cela aura lieu souvent, il n'est pas fait d'observation à minuit, on réunit par un trait les deux points correspondant aux pressions à 6 heures du soir et 6 heures du matin.

2° Courbes de variations de température.

On construit les courbes d'une façon analogue. La ligne 0 0₁ correspond à la température 0°, on porte sur l'horizontale un centimètre par jour et sur la ligne verticale correspondant à chaque jour une longueur égale en millimètres au nombre de degrés constatés, cette longueur étant portée au-dessus et au-dessous de la ligne 0 0₁ suivant que la température est supérieure ou inférieure à 0°.

Pour chaque jour, on marque un point A correspon-

dant à la température maxima et un point B correspondant à la température minima. En réunissant par des
traits pleins les points A et par dés traits pointillés les
points B, la courbe pleine représente la courbe de
variations de la température maxima, la courbe poin-
tillée celle des variations de la température minima.

Dans le modèle, le 8 du mois, on a mesuré une température maxima de $+ 10°$ et une température minima
de $— 20°$. Les points A et B ont été obtenus en portant sur la verticale du 8, 10 millimètres *au-dessus*
de la ligne 0 0₁ et 20 millimètres *au-dessous* de cette
ligne.

Nota. — On peut sur chaque feuille tracer les courbes de deux mois, comme l'indique le modèle. Pour
faciliter les lectures, on marque en haut de la feuille
les jours du mois de centimètre en centimètre, et à
gauche également de centimètre en centimètre les
températures de 10° en 10° en se limitant à $+ 40°$
et $— 40°$.

Les CHUTES DE NEIGE sont également relevées journellement dans tous les postes.

***

Nous ne nous occuperons pas ici des données météorologiques autres que celles qui concernent l'enneigement, laissant à M. le professeur Lachmann, plus
compétent que nous, le soin de faire connaître les
résultats contenus dans les cahiers d'observations qui
nous ont été communiqués.

Notre projet était de donner, sous forme de *courbes,*

les hauteurs de neige tombées dans les diverses stations,
afin de les comparer aux courbes de températures
dressées par M. Lachmann. Notre collègue ayant pré-
féré la forme de tableaux, nous avons renoncé à notre
projet Il nous paraît cependant indispensable de
faire remarquer que la traduction en courbes des
documents fournis par les carnets d'observations militaires *aurait eu beaucoup d'avantages.* Ce mode de
représentation aurait permis à tous les lecteurs intelligents de saisir, sans se livrer à un travail ardu de
comparaison de chiffres, *la marche générale des phénomènes météorologiques* dans les postes d'observation ;
il aurait fait ressortir des rapports et des coïncidences
que les tableaux ne permettent de déceler qu'après une
étude approfondie. Il semble enfin que l'établissement
de courbes aurait *diminué l'effet des erreurs* d'observation qui peuvent avoir été faites dans les postes
d'hiver ou du moins que ces erreurs se traduisant sim-
plement par des accidents de la courbe, n'auraient pas
empêché de dégager la forme générale de celle-ci ;
alors que, dans les tableaux, leur influence se trouve
plutôt exagérée.

En ce qui concerne les chutes de neige, nous nous
sommes appliqué à une critique soigneuse des chif-
res indiqués et nous avons éliminé ceux qui nous ont
semblé manifestement erronés, soit par suite de fautes
de copie, soit à cause de négligence accidentelle du
personnel militaire employé pour les observations.

*Pour les tableaux détaillés des chutes de neige qui
accompagnaient ce rapport, nous renvoyons à l'Annuaire
n° XX de la Société, où ils occupent 82 pages qu'il a
semblé inutile de reproduire ici.*

Ces statistiques peuvent être résumées ainsi qu'il
suit :

Voici, par *ordre d'altitude*, la liste des stations dont
nous avons, dans ce travail, étudié l'enneigement :

1. Château-Queyras (1,425^m) ;
   La Grave (1,450^m) ;
2. Plampinet (1,488^m) ;
3. Les Chapieux (1,550^m) ;
4. Le Truc (1,550^m) ;
5. Le Télégraphe (1,600^m) ;
6. La Bérarde (1,738^m) ;
7. Le Sapey (1,750^m) ;
8. Séloge (1,825^m) ;
9. Cuguret (1,864^m) ;
10. Roche-la-Croix (1,900^m) ;
11. Croix-de-Bretagne (2,000^m) ;
12. La Platte (2,000^m) ;
13. Vallon-Claus (2,100^m) ;
14. La Seyte (2,125^m) ;
15. Col de Valgelaye (2,250^m) ;
16. Les Acles (2,250 ou 2,309^m?) ;
17. Olive (2,250^m) ;
18. Infernet (2,350^m) ;
19. La Cochette (2,353^m) ;
20. Redoute-Ruinée (2,412^m) ;
21. Gondran D (2,420^m) ;
22. Gondran C (2,450^m) ;
23. Col Agnel (2,498^m) ;
24. Col de Fréjus (2,500^m) ;
25. Vyraisse (Baraquements) (2,520^m) ;
26. Janus (2,530^m) ;

27. La Turra (2,500^m);
28. Les Sollières (2,700^m) ;
29. Vyraisse (Batterie) (2,765^m);

Cette statistique nous suggère quelques remarques intéressantes :

On verra, en consultant avec soin nos tableaux (*Annuaire de la S. T. D.*, t. XX), que les hauteurs de neige existant à la fin de cinq jours sont parfois (à Vyraisse, par exemple) *supérieures* à la somme des chutes observées. Cette particularité est due, sans doute, à l'action du vent accumulant la neige en certains points.

Les postes qui reçoivent la plus grande quantité de neige sont tous très élevés (2,412 à 2,765^m) :

Vyraisse (Baraquements et Batterie) ;
Les Sollières ;
Gondran C ;
Redoute-Ruinée.

Les stations les moins enneigées sont parmi les postes les moins élevés (1,400 à 2,000^m); ce sont :

Cuguret ;
Vallons-Claus ;
Roche-la-Croix ;
Croix-de-Bretagne ;
La Grave ;
Le Télégraphe.

Les époques où la neige a atteint des *maxima* d'épaisseur ont été :

Pour l'hiver 1892-93 : presque partout, la fin de *Février* et le commencement de *Mars*.

Pour l'hiver 1893-94 : suivant les stations : *Octobre*
(Fréjus), *Novembre* (la Turra), la fin de *Janvier* (la
Seyte, l'Olive, Plampinet, Valgelaye, Cuguret, Vallon-
Claus, Vyraisse, Roche-la-Croix) et le commencement
de *Février* (col Agnel, l'Infernet, la Cochette, Gon-
dran C, Gondran D, Sollières); la fin de *Décembre*
(Chapieux, l'Olive, le Janus, Croix-de-Bretagne,
Vyraisse), le 25 mai (Turra, Sollières, Vyraisse), *Mars*
(Janus, Viraysse, le Truc, la Platte, la Turra, les
Chapieux, Redoute-Ruinée), etc.

A la fin de l'année 1894, nous notons des *maxima* à
Fréjus, le Truc, Séloge, la Platte, les Chapieux, la
Redoute-Ruinée (2 m. 02), le col Agnel, Vyraisse
(Batterie), etc.

Enfin, en comparant ces résultats avec les tableaux
de variation de température donnés par M. Lachmann
et les courbes déposées aux archives de la Société, on
reconnaît que les maxima de chute de neige correspondent généralement, en hiver, à des élévations de
température.

L'apparition de la neige se place en Octobre pour la
plupart des postes, Fréjus (1894), la Turra (1894), la
Redoute-Ruinée (1894).

Au mois de Juillet, il n'a neigé dans aucun des postes
sauf aux Sollières, en 1893 et 1894.

En Août il n'a neigé que dans une station (La Turra
(1894).

En Septembre, il a neigé à la Turra (1893-1894),
Vyraisse (1893-1894), les Chapieux (1894), Vallon-
Claus (1894), Cuguret (1894).

En 1893, on remarque que le mois d'Avril a été, dans plusieurs postes, exempt de chutes de neige et partout très peu neigeux.

Il n'a pas neigé en Octobre dans les stations de :

Les Chapieux (1893), le Truc (1893-1894), les Sollières (1893), Cuguret (1894), la Platte (1893-1894), l'Olive (1893), Séloge (1894).

Il n'a pas neigé en Novembre à Séloge, en 1894.

La disparition de la neige se place d'ordinaire vers le 25 Mai ou au commencement du mois de Juin ; elle devance cette date dans les poste de :

La Grave (1894) ;

Cuguret (1893) (en 1894, il n'a pas neigé du 15 Mars au 30 Septembre) ;

Vallon-Claus (1893) ;

Les Chapieux (1893) ;

Séloge (1894) ;

Croix-de-Bretagne (1893) ;

Roche-la-Croix (1893) ;

L'Olive (1893-1894) ;

Plampinet-les-Acles (1893-1894) ;

Il a neigé en Juin à :

Vyraisse (1893-1894) ;

Gondran (1894) ;

Sollières (1894).

En comparant les différents hivers, de 1892 à 1894-95, on arrive également à des résultats curieux que l'on tirera facilement de nos tableaux.

C'est ainsi que les épaisseurs de neige constatées pendant l'hiver 1892-1893 ont été, en beaucoup de points et notamment à Vyraisse, beaucoup plus considérables que celles des années suivantes.

24

* *

Ces réflexions suffisent pour mettre en évidence l'intérêt qu'offrent la coordination et la publication des précieuses observations que la création de postes d'hiver à la frontière alpine et la bonne volonté des officiers supérieurs qui en ont la haute direction ont permis de réunir.

Nous espérons que nos lecteurs sauront en tirer tout le parti qu'elles comportent, tant au point de vue scientifique qu'en ce qui concerne leurs applications pratiques (à la culture en montagne, par exemple) et hygiéniques.

En outre la continuation de ces statistiques qui, nous l'espérons, se poursuivra pendant de longues années encore, permettra sans doute de mettre en lumière les lois météorologiques qui règlent l'enneigement de nos Alpes. Il sera peut-être possible alors de prévoir en une certaine mesure l'avenir réservé à nos glaciers, à nos torrents et à nos rivières, qui contribuent si puissamment à la prospérité agricole et industrielle du Dauphiné.

1895-99.

Documents recueillis depuis 1895 [1]

Nous reproduisons ici divers renseignements qui nous sont parvenus depuis 1895, et notamment quelques observations effectuées sur les nivomètres de la Société.

M. André Antoine, de Combe-Brémond, dans la Haute-Ubaye, nous écrit en Juillet 1899 :

« Quant à la question de l'enneigement dans nos « montagnes, mes observations ont été peu fructueuses. « La neige tombe, très souvent le vent s'y met, et il « m'a été impossible de mesurer *exactement* la quantité « tombée. D'accord avec M. Joseph Arnoux, notre « facteur, j'évalue à 1 m. 50 au minimum l'épaisseur de « neige tombée dans l'année, en tenant compte des « premières et des dernières tombées qui disparaissent « de suite.

« Nous n'avons pas eu, ces dernières années, d'ava- « lanches remarquables malgré des quantités de « neige.

« En Novembre dernier, du 22 au 25, j'ai constaté « 1 m. 25 de neige, avec cela pas d'avalanches; cette « énorme couche de neige reposait sur le sol qui était « sec. »

A la suite de ces notes, M. André Antoine attire notre attention sur le fait remarquable de *la disparition des mélèzes aux hautes altitudes*, où ces arbres ne se propagent plus et où l'on en voit fréquemment dans les

---

[1] Par MM. Kilian et Flusin.

régions voisines des glaciers, des *troncs desséchés* qui attestent qu'ils ont anciennement existé là où leurs successeurs ne vivent plus aujourd'hui.

Cette question de la *marche rétrograde de la végétation* dans les Alpes n'est pas nouvelle. M. David Martin lui a consacré jadis une remarquable étude ; nous l'avons rappelée en 1897 *(Annuaire S. T. D.,* tome XXII, p. 284), mais les botanistes, qui persistent à attribuer ce curieux phénomène à l'intervention de l'homme, ne semblent pas s'être émus des exemples pourtant très précis, cités à plusieurs reprises à l'encontre de leur thèse.

Observations faites sur le nivomètre de la Bérarde (altitude 1,738 m.) **par le guide J.-B. Rodier.**

ANNÉE 1895.

1er Janvier.	Quantité de neige tombée.	0m20
15 Janvier.	—	0m65
1er Février.	—	1m05
15 Février.	—	1m20
1er Mars.	—	1m30
15 Mars.	—	1m20
1er Avril.	—	0m85
15 Avril.	—	0m35
1er Mai.	—	0m00
15 Décembre.	—	0m30

ANNÉE 1896.

1er Janvier.	Quantité de neige tombée.	0m35
15 Janvier.	—	0m80
1er Février.	—	0m95
15 Février.	—	1m10

1er Mars.   Quantité de neige tombée. 1m10
15 Mars.   —   1m30
1er Avril.   —   0m80
15 Avril.   —   0m25
1er Mai.   —   0m00
1er Novembre.   —   0m10
15 Novembre.   —   0m00
1er Décembre.   —   0m20
15 Décembre.   —   0m30   .

Année 1897.

1er Janvier.   Quantité de neige tombée. 0m40
15 Janvier.   —   0m60
1er Février.   —   0m85
15 Février.   —   1m25
1er Mars.   —   1m30
15 Mars.   —   1m10
1er Avril.   —   0m90
15 Avril.   —   0m20
1er Mai.   —   0m00
1er Novembre.   —   0m10
15 Novembre.   —   0m00
1er Décembre.   —   0m00
15 Décembre.   —   0m00

Année 1898.

1er Janvier.   Quantité de neige tombée. 0m00
15 Janvier.   —   0m00
1er Février.   —   0m00
15 Février.   —   0m95
1er Mars.   —   0m80
15 Mars.   —   1m80
1er Avril.   —   1m00

15 Avril.	Quantité de neige tombée.	0^{m}30
1er Mai.	—	0^{m}10
15 Mai.	—	0^{m}00
1er Novembre.	—	0^{m}00
15 Novembre.	—	0^{m}00
1er Décembre.	—	1^{m}10
15 Décembre.	—	1^{m}30

ANNÉE 1899.

1er Janvier.	Quantité de neige tombée.	1^{m}60
15 Janvier.	—	1^{m}80
1er Février.	—	1^{m}00
15 Février.	—	0^{m}80
1er Mars.	—	0^{m}70
15 Mars.	—	0^{m}65
1er Avril.	—	0^{m}10
8 Avril.	—	0^{m}00

Observations faites sur le nivomètre de la Grave
(altitude 1,450 m.) **par le guide Émile Pic.**

ANNÉE 1895.

Novembre. — La neige a commencé à tomber dans la nuit du 23 au 24.

Relevé sur le nivomètre le 24, à 8 heures du matin. . . . . 0^{m}07

Le 24, tourmente de neige et froid très vif.

Relevé le 25, à 8 heures du matin 0^{m}13

Le 25, vent chaud.

Décembre. — Le 6 et le 7, neige. Relevé le 7 au matin . . . . 0^{m}27

Décembre. — Le 13, tourmente très forte, neige
   tombée . . . .   0^m22
  Le 14, neige tombée. . . . .   0^m08
  Le 15 et le 16, neige molle. Re-
   levé le 16 au matin. . . . .   0^m04
  Le 27 et le 28, pluie.
  Le 29, pluie mélangée d'un peu
   de neige molle.

Année 1896.

Janvier. — Les 9, 10 et 11, vent très froid et violent.
  La neige est très bonne en ce moment
  sur les hauteurs, mais est peu abon-
  dante.
  Le 14, chute de neige de 3 heures
   à 10 heures du soir.
  Relevé le 15, à 8 heures du matin.   0^m19

Mars. — Le 4, chute de neige de 2 heures
   à 5 heures du soir.
  Relevé le 5, à 8 heures du matin.   0^m23
  Le 28 et le 29, neige et grésil.
  Relevé le 29, à 8 heures du matin.   0^m24

Avril. — Le 12, neige molle et pluie.
  Relevé le 13, à 8 heures du matin.   0^m23
  Le 13, neige et grésil.
  Relevé le 14 au matin . . . .   0^m17

Mai. — Les 1, 2 et 3, pluie et neige.
  Relevé le 4, à 8 heures du matin.   0^m08
  Les 13 et 14, pluie et neige molle.
  Relevé le 15 au matin . . . .   0^m07

Juin. — Les 7, 8 et 9, pluie et neige sur
  les montagnes ; environ. . .   0^m15

Octobre. — Relevé au nivomètre le 23, à
8 heures du matin, une épais-
seur de neige de . . . . . 0^{m}50
Novembre.— Du 29 au 30, neige molle . . . 0^{m}75

ANNÉE 1897.

Janvier. — Du 1er au 17, neige molle . . . 0^{m}37
Mars. — Du 1er au 12, petites giboulées.
Relevé au nivomètre. . . . . 0^{m}30

ANNÉE 1898.

Février. — Les 3, 4 et 5, neige.
Relevé au nivomètre. . . . . 0^{m}40
Les 6 et 7, neige.
Relevé au nivomètre. . . . . 0^{m}10
Le 8, neige et vent.
Relevé au nivomètre. . . . . 0^{m}10
Novembre.— Le 28, neige.
Relevé au nivomètre, à 8 heures
du matin. . . . . 0^{m}52

ANNÉE 1899.

Janvier. — Du 2 au 6, tourmente de neige.
Épaisseur moyenne . . . . . 1^{m}90
Février. — Du 7 au 9, neige molle.
Relevé au nivomètre. . . . . 0^{m}75

M. Aubert, ingénieur des Ponts et Chaussées, à
Barcelonnette (Basses-Alpes), nous a, d'autre part,
obligeamment transmis les **relevés faits au col de
Vagelaye (col d'Allos)**. Nous lui en exprimons, ainsi
qu'à M. l'Ingénieur en chef, **Ph. Zürcher,** toute notre
reconnaissance.

Voici le détail de ces relevés :

PONTS ET CHAUSSÉES
—
DÉPARTEMENT
des
BASSES-ALPES
—
ARRONDISSEMENT
de
BARCELONNETTE
—

REFUGE DU COL DE VALGELAYE

(2,250 m. d'altitude).

*Relevé des observations météoro-
logiques faites, pendant l'hiver
1896-1897, par le gardien du
refuge.*

DATES du MOIS.	ÉTAT DU CIEL.	TEMPÉRATURE MOYENNE.	CHUTE ET HAUTEUR de la neige.	DIRECTION DU VENT.	OBSERVATIONS

Mois d'Octobre 1896.

1	Couvert.	+ 5	0ᵐ30	S.	
2	Id.	+ 6	»	S.	
3	Id.	+ 7	»	S.	
4	Id.	+ 6	»	S.	
5	Id.	+ 5	0ᵐ15	S.	
6	Id.	+ 6	»	S.	
7	Id.	+ 7	»	S.	
8	Id.	+ 5	»	S.	
9	Clair.	+ 3	»	S.	
10	Couvert.	+ 3	0ᵐ20	S.	
11	Id.	+ 5	»	S.	
12	Id.	+ 2	0ᵐ05	S.	
13	Clair.	+ 5	»	N.	
14	Couvert.	+ 5	0ᵐ15	N.	
15	Id.	+ 4	»	N.	
16	Id.	+ 3	0ᵐ10	S.	
17	Id.	— 2	»	S.	
18	Id.	+ 3	»	S.	
19	Id.	+ 2	0ᵐ20	N.	
20	Id.	+ 2	»	S.	

DATES du MOIS.	ÉTAT DU CIEL.	TEMPÉRATURE MOYENNE.	CHUTE ET HAUTEUR de la neige.	DIRECTION DU VENT.	OBSERVATIONS
21	Couvert.	0	0ᵐ10	S.	
22	Id.	+ 2	»	N.	
23	Id.	+ 2	0ᵐ15	S.	
24	Clair.	+ 3	»	S.	
25	Id.	+ 3	»	S.	
26	Couvert.	+ 1	»	S.	
27	Id.	— 3	»	S.	
28	Id.	+ 3	»	S.	
29	Id.	+ 3	»	S.	
30	Id.	+ 5	0ᵐ15	S.	
31	Id.	+ 6	0ᵐ20	N.	

Mois de Novembre 1896.

1	Clair.	— 5	»	S.	
2	Couvert.	+ 6	0ᵐ20	S.	
3	Id.	+ 5	»	S.	
4	Id.	+ 6	»	N.	
5	Clair.	+ 5	»	N.	
6	Id.	+ 6	»	N.	
7	Couvert.	+ 7	»	N.	
8	Id.	+ 6	»	S.	
9	Id.	— 5	»	N.	
10	Id.	+ 4	0ᵐ10	S.	
11	Id.	+ 4	»	S.	
12	Id.	+ 3	»	N.	
13	Clair.	+ 3	»	S.	
14	Couvert.	+ 5	»	S.	
15	Id.	+ 5	0ᵐ15	S.	
16	Id.	+ 5	»	S.	
17	Id.	+ 4	»	S.	
18	Id.	+ 5	0ᵐ20	S.	
19	Id.	+ 3	»	S.	

DATES du MOIS.	ÉTAT DU CIEL.	TEMPÉRATURE MOYENNE.	CHUTE ET HAUTEUR de la neige.	DIRECTION DU VENT.	OBSERVATIONS
20	Couvert.	+ 3	»	N.	
21	Id.	+ 2	0ᵐ10	N.	
22	Clair.	+ 6	»	S.	
23	Id.	+ 3	»	S.	
24	Couvert.	+ 5	»	S.	
25	Id.	+ 3	0ᵐ20	S.	
26	Id.	+ 5	»	S.	
27	Id.	+ 3	0ᵐ05	S.	
28	Clair.	+ 4	»	N.	
29	Id.	+ 3	»	S.	
30	Id.	+ 1	»	S.	

Mois de Décembre 1896.

1	Clair.	— 4	»	S.	
2	Couvert.	— 5	»	S.	
3	Clair.	— 6	»	S.	
4	Couvert.	— 7	»	S.	
5	Id.	— 8	0ᵐ25	S.	
6	Id.	— 8	0ᵐ25	S.	
7	Id.	— 6	»	S.	
8	Id.	— 6	0ᵐ10	S.	
9	Id.	— 5	0ᵐ15	S.	
10	Id.	— 4	»	S.	
11	Clair.	— 3	»	S.	
12	Couvert.	— 3	»	S.	
13	Id.	— 5	0ᵐ05	S.	
14	Id.	— 7	0ᵐ10	S.	
15	Id.	— 7	»	S.	
16	Id.	— 6	»	S.	
17	Id.	— 5	0ᵐ05	S.	
18	Id.	— 7	0ᵐ15	S.	
19	Id.	— 7	0ᵐ20	S.	

DATES du MOIS.	ÉTAT DU CIEL.	TEMPÉRATURE MOYENNE	CHUTE ET HAUTEUR de la neige.	DIRECTION DU VENT.	OBSERVATIONS
20	Couvert.	— 8	0^m20	S.	
21	Id.	— 5	»	S.	
22	Id.	— 3	»	S.	
23	Clair.	— 3	»	S.	
24	Id.	— 6	»	S.	
25	Id.	— 9	»	N.	
26	Id.	—11	»	N.	
27	Id.	—10	»	N.	
28	Id.	—12	»	N.	
29	Couvert.	—11	»	N.	
30	Clair.	—11	»	N.	
31	Couvert.	—10	»	N.	

Mois de Janvier 1897.

1	Couvert.	— 8	»	S.	
2	Clair.	— 7	»	S.	
3	Id.	— 6	»	S.	
4	Couvert.	— 5	»	S.	
5	Id.	— 7	»	S.	
6	Id.	— 5	»	S.	
7	Id.	— 5	»	S.	
8	Id.	— 5	»	S.	
9	Id.	— 5	0^m20	S.	
10	Id.	— 5	0^m21	S.	
11	Id.	— 5	»	S.	
12	Id.	— 7	»	S.	
13	Id.	— 5	»	S.	
14	Id.	— 5	»	S.	
15	Id.	— 5	»	S.	
16	Id.	— 2	0^m05	S.	
17	Id.	— 5	»	S.	
18	Id.	— 7	»	S.	

DATES du MOIS.	ÉTAT DU CIEL.	TEMPÉRATURE MOYENNE.	CHUTE ET HAUTEUR de la neige.	DIRECTION DU VENT.	OBSERVATIONS
19	Clair.	— 7	»	N.	
20	Couvert.	— 7	»	S.	
21	Id.	— 7	0^m20	S.	
22	Id.	—10	»	S.	
23	Id.	—15	0^m10	S.	
24	Demi-couvert.	—14	»	S.	
25	Id.	—12	»	N.	
26	Couvert.	—10	»	N.	
27	Id.	—13	»	N.	
28	Clair.	—18	»	N.	
29	Id.	—12	»	N.	
30	Couvert.	—13	0.10	S.	
31	Clair.	—11	»	S.	

Mois de Février 1897.

1	Demi-couvert.	— 8	0^m50	S.	
2	Couvert.	0	»	S.	
3	Clair.	— 1	»	N.	
4	Couvert.	— 5	»	S.	
5	Id.	— 2	0^m15	S.	
6	Id.	— 7	»	S.	
7	Id.	0	0^m30	S.	
8	Clair.	— 8	»	N.	
9	Id.	— 8	»	N	
10	Id.	— 2	»	S.	
11	Demi-couvert.	— 2	»	N.	
12	Couvert.	— 1	»	»	
13	Clair.	— 2	»	»	
14	Id.	— 2	»	»	
15	Id.	— 7	»	N.	
16	Id.	— 7	»	N.	
17	Id.	— 6	»	N.	

DATES du MOIS.	ÉTAT DU CIEL.	TEMPÉRATURE MOYENNE.	CHUTE ET HAUTEUR de la neige.	DIRECTION DU VENT.	OBSERVATIONS
18	Couvert.	— 4	»	N.	
19	Clair.	— 5	»	S.	
20	Couvert.	— 3	»	N.	
21	Id.	— 7	0ᵐ05	N.	
22	Clair.	— 8	»	N.	
23	Couvert.	— 3	»	O.	
24	Clair.	— 3	»	O.	
25	Id.	— 8	»	O.	
26	Id.	— 3	»	O.	
27	Couvert.	— 3	»	O.	
28	Id.	0	»	O.	

Mois de Mars 1897.

1	Couvert.	— 1	»	S.	
2	Id.	— 5	0ᵐ15	S.	
3	Id.	— 6	0ᵐ15	S.	
4	Id.	—11	0ᵐ10	S.	
5	Id.	— 7	0ᵐ20	S.	
6	Id.	— 8	»	N.	
7	Clair.	—12	»	N.	
8	Id.	—11	»	N.	
9	Id.	—10	»	N.	
10	Id.	— 6	»	O.	
11	Id.	— 4	»	O.	
12	Couvert.	— 2	»	O.	
13	Id.	— 5	2ᵐ05	S.	
14	Clair.	— 8	»	S.	
15	Couvert.	— 3	0ᵐ15	S.	
16	Id.	— 3	0ᵐ15	S.	
17	Id.	— 1	»	S.	
18	Clair.	— 7	»	Diverses.	Bourrasque.
19	Id.	— 2	»	Id.	Id.

DATES du MOIS.	ÉTAT DU CIEL.	TEMPÉRATURE MOYENNE.	CHUTE ET HAUTEUR de la neige.	DIRECTION DU VENT.	OBSERVATIONS
20	Clair.	— 2	»	Diverses.	Bourrasque.
21	Id.	— 1	»	O.	
22	Id.	— 3	»	S.	
23	Id.	— 5	»	S.	
24	Id.	— 6	»	S.	
25	Id.	— 6	»	S.	
26	Id.	— 5	»	S.	
27	Id.	— 5	»	S.	

Copie certifiée conforme aux observations faites par le gardien du refuge.

Barcelonnette, le 17 mars 1899.

Le Conducteur des Ponts et Chaussées,

E. SAVOYAT.

PONTS ET CHAUSSÉES
—
DÉPARTEMENT
des
BASSES-ALPES
—
ARRONDISSEMENT
de
BARCELONNETTE
—

REFUGE DU COL DE VALGELAYE

(2,250 m. d'altitude).

Relevé des observations météorologiques faites, pendant l'hiver 1897-98, par le gardien du refuge.

Mois d'Octobre 1897.

JOURS.	DATES.	TEMPÉRATURE Minima.	Maxima.	HAUTEUR DE LA NEIGE.	ÉTAT DU CIEL.	DIRECTION du VENT.	OBSERVATIONS
Vendredi..	1	— 2	»	0ᵐ20	Couvert.	N.	Bourrasque.
Samedi ...	2	- - 3	»	»	Demi-couvert.	N.-O.	Id.
Dimanche.	3	— 5	»	»	Id.	Calme.	
Lundi.....	4	— 4	»	»	Id.	Id.	
Mardi	5	— 3	»	»	Couvert.	N.	
Mercredi..	6	— 3	»	»	Id.	Calme.	
Jeudi	7	— 3	»	»	Id.	Id.	
Vendredi..	8	— 3	»	»	Serein.	Id.	
Samedi ...	9	— 3	»	»	Id.	Id.	
Dimanche.	10	— 2	»	»	Id.	Id.	
Lundi.....	11	— 2	»	»	Id.	Id.	
Mardi	12	»	+ 4	»	Id.	Id.	
Mercredi..	13	— 6	»	»	Id.	Id.	
Jeudi	14	— 5	»	»	Couvert.	Id.	
Vendredi..	15	»	+ 2	»	Id.	S.	
Samedi ...	16	— 5	»	»	Pluie.	S.	
Dimanche.	17	— 1	»	»	Serein.	S.	
Lundi.....	18	0	»	»	Id.	S.	
Mardi	19	— 1	»	»	Id.	Calme.	
Mercredi..	20	— 1	»	»	Id.	Id.	

JOURS.	DATES.	TEMPÉRATURE Minima.	TEMPÉRATURE Maxima.	HAUTEUR DE LA NEIGE.	ÉTAT DU CIEL.	DIRECTION du VENT.	OBSERVATIONS
Jeudi.....	21	»	+ 7	»	Couvert.	N.	
Vendredi .	22	— 3	»	0ᵐ20	Neige.	N.	Bourrasque.
Samedi ...	23	— 7	»	»	Couvert.	N.	
Dimanche.	24	— 5	»	»	Id.	N.	
Lundi.....	25	— 5	»	»	Serein.	Calme.	
Mardi	26	— 2	+ 5	»	Id.	Id.	
Mercredi..	27	»	+ 6	»	Id.	Id.	
Jeudi	28	»	+ 6	»	Id.	Id.	
Vendredi..	29	»	+ 5	»	Id.	Id.	
Samedi ...	30	»	+ 4	»	Id.	Id.	
Dimanche.	31	»	+ 4	»	Demi-couvert.	S.	

Mois de Novembre 1897.

JOURS.	DATES.	TEMPÉRATURE Minima.	TEMPÉRATURE Maxima.	HAUTEUR DE LA NEIGE.	ÉTAT DU CIEL.	DIRECTION du VENT.	OBSERVATIONS
Lundi.....	1	»	+ 3	»	Serein.	Calme.	
Mardi . ..	2	»	+ 3	»	Id.	Id.	
Mercredi..	3	»	+ 1	»	Id.	N.	
Jeudi	4	»	+ 2	»	Couvert.	S.	
Vendredi..	5	»	+ 2	»	Id.	N.	
Samedi ...	6	»	+ 1	»	Serein.	Calme.	
Dimanche.	7	»	+ 2	»	Id.	Id.	
Lundi.....	8	»	+ 1	»	Couvert.	Id.	
Mardi	9	»	+ 3	»	Serein.	Id.	
Mercredi..	10	»	+ 2	»	Id.	Id.	
Jeudi	11	»	+ 1	»	Id.	Id.	
Vendredi .	12	»	+ 3	»	Id.	Id.	
Samedi ...	13	»	+ 2	»	Couvert.	N.	
Dimanche.	14	»	+ 4	0ᵐ15	Id.	S.	
Lundi.....	15	»	+ 3	»	Id.	S.	
Mardi	16	»	+ 4	»	Serein.	S.	
Mercredi..	17	»	+ 2	»	Couvert.	Calme.	
Jeudi.....	18	»	+ 1	»	Id.	Id.	
Vendredi..	19	— 2	»	»	Serein.	Id.	

JOURS.	DATES.	TEMPÉRATURE Minima.	Maxima.	HAUTEUR DE LA NEIGE.	ÉTAT DU CIEL.	DIRECTION du VENT.	OBSERVATIONS
Samedi....	20	— 3	»	»	Serein.	Calme.	
Dimanche.	21	0	0	»	Id.	Id.	
Lundi.....	22	— 2	»	»	Id.	Id.	
Mardi	23	— 3	»	»	Id.	Id.	
Mercredi..	24	0	0	»	Id.	Id.	
Jeudi	25	»	+ 1	»	Id.	Id.	
Vendredi..	26	»	+ 1	»	Id.	Id.	
Samedi ...	27	»	+ 2	»	Id.	Id.	
Dimanche.	28	»	+ 2	»	Id.	Id.	
Lundi.....	29	»	+ 6	0ᵐ20	Couvert.	N.	Bourrasque.
Mardi	30	»	+ 9	»	Id.	N.	

Mois de Décembre 1897.

JOURS.	DATES.	Minima.	Maxima.	HAUTEUR	ÉTAT DU CIEL.	DIRECTION	OBSERVATIONS
Mercredi..	1	— 5	»	»	Couvert.	N.	
Jeudi	2	— 6	»	»	Id.	N.	
Vendredi .	3	— 7	»	0ᵐ15	Id.	N.	
Samedi ...	4	— 8	»	»	Serein.	N.	
Dimanche.	5	— 8	»	0ᵐ10	Couvert.	N.	Bourrasque.
Lundi.....	6	— 7	»	0ᵐ15	Id.	N.	Id.
Mardi	7	— 5	»	ʃ	Serein.	Calme.	
Mercredi..	8	— 5	»	»	Id.	Id.	
Jeudi	9	— 7	»	0ᵐ15	Couvert.	N.	Id.
Vendredi..	10	— 6	»	0ᵐ10	Id	N.	Id.
Samedi ...	11	— 1	»	»	Serein.	Calme.	
Dimanche.	12	— 4	»	»	Couvert.	S.	
Lundi.....	13	— 6	»	»	Id.	N.	
Mardi	14	— 5	»	»	Id.	N.	
Mercredi..	15	— 5	»	0ᵐ10	Id.	Calme.	
Jeudi	16	— 5	»	»	Id.	Id.	
Vendredi..	17	— 5	»	»	Serein.	Id.	
Samedi ...	18	— 7	»	»	Serein.	N.	
Dimanche.	19	— 6	»	»	Id.	N.	

JOURS.	DATES.	TEMPÉRATURE Minima.	Maxima.	HAUTEUR DE LA NEIGE.	ÉTAT DU CIEL.	DIRECTION du VENT.	OBSERVATIONS
Lundi.....	20	— 6	»	»	Serein.	Calme.	
Mardi.....	21	— 5	»	»	Id.	Id.	
Mercredi..	22	— 4	»	»	Id.	Id.	
Jeudi.....	23	— 4	»	»	Id.	Id.	
Vendredi .	24	— 6	»	»	Id.	Id.	
Samedi ...	25	— 7	»	»	Id.	Id.	
Dimanche.	26	— 6	»	»	Id.	N.	
Lundi.....	27	— 5	»	»	Id.	N.	
Mardi	28	— 5	»	»	Id.	Calme.	
Mercredi..	29	— 4	»	».	Id.	Id.	
Jeudi.....	30	— 4	»	»	Couvert.	S.	
Vendredi..	31	— 5	»	0ᵐ30	Id.	S.	Bourrasque.

Mois de Janvier 1898.

JOURS.	DATES.	TEMPÉRATURE Minima.	Maxima.	HAUTEUR DE LA NEIGE.	ÉTAT DU CIEL.	DIRECTION du VENT.	OBSERVATIONS
Samedi ...	1	— 4	»	0ᵐ30	Couvert.	N.	Bourrasque.
Dimanche.	2	— 6	»	»	Serein.	Calme.	
Lundi.....	3	— 6	»	»	Id.	Id.	
Mardi.....	4	— 4	»	»	Id.	Id.	
Mercredi..	5	— 4	»	»	Id.	Id.	
Jeudi.....	6	— 3	»	»	Couvert.	Id.	
Vendredi..	7	— 2	»	»	Pluie.	S.	
Samedi ...	8	— 5	»	0ᵐ15	Pluie-neige.	N.	
Dimanche.	9	— 5	»	0ᵐ25	Neige.	N.	
Lundi.....	10	— 2	»	»	Serein.	Calme.	
Mardi	11	— 1	»	»	Couvert.	Id.	
Mercredi..	12	— 5	»	»	Serein.	N.	
Jeudi.....	13	— 6	»	»	Demi-couvert.	N.	
Vendredi..	14	— 6	»	»	Serein.	N..	
Samedi ...	15	— 5	»	»	Id.	Calme.	
Dimanche.	16	— 4	»	»	Id.	Id.	
Lundi.....	17	— 4	»	»	Id.	Id.	
Mardi	18	— 5	»	»	Id.	Id.	

JOURS.	DATES.	TEMPÉRATURE		HAUTEUR DE LA NEIGE.	ÉTAT DU CIEL.	DIRECTION du VENT.	OBSERVATIONS
		Minima.	Maxima.				
Mercredi..	19	— 3	»	»	Serein.	Calme.	
Jeudi	20	— 3	»	»	Id.	Id.	
Vendredi..	21	— 3	».	»	Id.	Id.	
Samedi ...	22	— 2	»	»	Id.	Id.	
Dimanche.	23	— 1	»	»	Id.	Id.	
Lundi.....	24	— 3	»	»	Id.	Id.	
Mardi.....	25	0	0	»	Id.	Id.	
Mercredi..	26	»	+ 1	»	Id.	Id.	
Jeudi	27	»	+ 2	»	Id.	Id.	
Vendredi..	28	»	+ 2	»	Id.	Id.	
Samedi ...	29	»	+ 2	»	Id.	Id.	
Dimanche.	30	»	+ 3	»	Id.	Id.	
Lundi.....	31	»	+ 4	»	Couvert.	Id.	

Mois de Février 1898.

JOURS.	DATES.	TEMPÉRATURE		HAUTEUR DE LA NEIGE.	ÉTAT DU CIEL.	DIRECTION du VENT.	OBSERVATIONS
		Minima.	Maxima.				
Mardi.....	1	— 5	»	»	Demi-couvert.	Calme.	
Mercredi..	2	— 6	»	»	Couvert.	Id.	Bourrasque.
Jeudi	3	—10	»	»	Id.	Id.	Id.
Vendredi..	4	— 8	»	0ᵐ20	Id.	Id.	Id.
Samedi ...	5	—12	»	»	Id.	Id.	Id.
Dimanche.	6	—13	»	»	Id.	Id.	Id.
Lundi.....	7	— 5	»	»	Brouillard.	N.	
Mardi	8	— 7	»	»	Serein.	N.	
Mercredi..	9	— 6	»	»	Id.	N.	
Jeudi	10	— 4	»	»	Id.	Calme.	
Vendredi .	11	— 3	»	»	Id.	Id.	
Samedi ...	12	— 2	»	»	Serein.	Id.	
Dimanche.	13	— 1	»	»	Brouillard.	Id.	
Lundi.....	14	0	»	»	Id.	Id.	
Mardi	15	— 5	»	»	Id.	Id.	
Mercredi..	16	— 3	»	»	Id.	Id.	
Jeudi	17	— 3	»	»	Serein.	Id.	

JOURS	DATES.	TEMPÉRATURE Minima.	TEMPÉRATURE Maxima.	HAUTEUR DE LA NEIGE.	ÉTAT DU CIEL.	DIRECTION du VENT.	OBSERVATIONS
Vendredi..	18	— 3	»	»	Serein.	Calme.	
Samedi ...	19	— 2	»	»	Id.	Id.	
Dimanche.	20	— 5	»	»	Id.	Id.	
Lundi.....	21	— 2	»	»	Id.	Id.	
Mardi	22	— 7	»	0ᵐ50	Couvert.	»	Bourrasque.
Mercredi..	23	— 6	»	»	Serein.	Calme.	
Jeudi.....	24	— 4	»	»	Id.	Id.	
Vendredi..	25	— 2	»	»	Id.	Id.	
Samedi ...	26	— 4	»	»	Id.	N.	
Dimanche.	27	— 5	»	»	Demi-couvert.	N.	
Lundi.....	28	— 8	»	»	Serein.	N.	

Mois de Mars 1898.

JOURS	DATES.	TEMPÉRATURE Minima.	TEMPÉRATURE Maxima.	HAUTEUR DE LA NEIGE.	ÉTAT DU CIEL.	DIRECTION du VENT.	OBSERVATIONS
Mardi	1	— 5	»	»	Demi-couvert.	N.	
Mercredi..	2	— 6	»	»	Serein.	N.	
Jeudi.....	3	— 5	»	»	Demi-couvert.	N.	
Vendredi..	4	— 3	»	0ᵐ20	Couvert.	N.	Bourrasque.
Samedi ...	5	— 2	»	0ᵐ30	Id.	S.	Id.
Dimanche.	6	— 5	›	»	Id.	Calme.	
Lundi	7	— 5	»	0ᵐ50	Id.	N.	Id.
Mardi	8	— 6	»	»	Id.	N.	
Mercredi..	9	— 6	»	»	Id.	N.	
Jeudi.....	10	— 5	»	»	Id.	N.	
Vendredi..	11	— 4	»	»	Id.	N.	
Samedi ...	12	— 3	»	»	Couvert.	N.	
Dimanche.	13	— 1	»	»	Demi-couvert.	S.	
Lundi.....	14	— 1	»	»	Serein.	Calme.	
Mardi	15	»	+ 4	»	Id.	Id.	
Mercredi..	16	»	+ 5	«	Id.	Id.	
Jeudi.....	17	»	+ 6	»	Id.	Id.	
Vendredi..	18	»	+ 8	»	Id.	Id.	
Samedi ...	19	»	+ 7	»	Id.	Id.	

JOURS.	DATES.	TEMPÉRATURE Minima.	TEMPÉRATURE Maxima.	HAUTEUR DE LA NEIGE.	ÉTAT DU CIEL.	DIRECTION du VENT.	OBSERVATIONS
Dimanche.	20	»	+ 7	»	Serein.	S.	
Lundi.....	21	»	+ 6	»	Demi-couvert.	S.	
Mardi	22	»	+ 7	»	Couvert.	Calme.	
Mercredi..	23	»	+ 4	»	Brouillard.	Id.	
Jeudi.....	24	»	0	»	Couvert.	N.	
Vendredi..	25	»	+ 2	»	Id.	N.	
Samedi ...	26	— 4	»	0ᵐ10	Id.	N.	
Dimanche.	27	— 3	»	0ᵐ50	Id.	N.	
Lundi.....	28	— 5	»	»	Brouillard.	Calme.	
Mardi	29	— 2	»	0ᵐ20	Couvert.	S.	Bourrasque.
Mercredi .	30	0	»	»	Serein.	Calme.	
Jeudi.....	31	— 1	»	0ᵐ25	Couvert.	S.	

Mois d'Avril 1898.

JOURS.	DATES.	TEMPÉRATURE Minima.	TEMPÉRATURE Maxima.	HAUTEUR DE LA NEIGE.	ÉTAT DU CIEL.	DIRECTION du VENT.	OBSERVATIONS
Vendredi..	1	0	»	0.20	Neige.	Calme.	
Samedi ...	2	— 1	»	»	Couvert.	Id.	
Dimanche.	3	— 2	»	»	Serein.	Id.	
Lundi.....	4	— 3	»	»	Brouillard.	Id.	
Mardi	5	— 1	»	»	Serein.	S.	
Mercredi..	6	0	0	»	Couvert.	S.	
Jeudi	7	»	+ 3	»	Serein.	S.	
Vendredi .	8	»	+ 5	»	Id.	S.	
Samedi ...	9	»	+ 6	»	Demi-couvert.	Calme.	
Dimanche.	10	»	+ 5	»	Couvert.	S.	
Lundi.....	11	»	+ 5	»	Id.	S.	
Mardi.....	12	»	+ 4	»	Brouillard.	E.	
Mercredi..	13	»	+ 3	»	Serein.	E.	
Jeudi	14	»	+ 3	»	Brouillard.	Calme.	
Vendredi..	15	»	+ 3	»	Couvert.	S.	
Samedi ...	16	»	+ 1	0ᵐ20	Neige.	S.	Bourrasque.
Dimanche.	17	»	+ 1	0ᵐ30	Id.	S.	Id.
Lundi.....	18	»	+ 5	»	Brouillard.	Calme.	

JOURS.	DATES.	TEMPÉRATURE		HAUTEUR DE LA NEIGE.	ÉTAT DU CIEL.	DIRECTION du VENT.	OBSERVATIONS
		Minima.	Maxima.				
Mardi	19	»	+ 5	»	Serein.	Calme.	
Mercredi..	20	»	+ 6	»	Id.	Id.	
Jeudi	21	»	+ 5	»	Couvert.	S.	
Vendredi..	22	»	+ 4	0ᵐ05	Neige.	S.	
Samedi ...	23	»	+ 7	»	Serein.	Calme.	
Dimanche.	24	»	+ 8	»	Id.	Id.	
Lundi.....	25	»	+ 7	»	Demi-couvert.	Id.	
Mardi	26	»	+ 6	»	Id.	Id.	
Mercredi..	27	»	+ 4	»	Serein.	Id.	
Jeudi	28	»	+ 6	»	Serein le matin. Couvert le soir.	N.	
Vendredi..	29	»	+ 3	»	Brouillard.	N.	
Samedi ...	30	«	+ 5	»	Serein.	Calme.	

Copie certifiée conforme aux observations faites par le gardien du refuge.

Barcelonnette, le 17 mars 1899.

Le Conducteur des Ponts et Chaussées,

E. SAVOYAT.

PONTS ET CHAUSSÉES

—

DÉPARTEMENT
des
BASSES-ALPES

—

ARRONDISSEMENT
de
BARCELONNETTE

—

REFUGE DU COL DE VALGELAYE

(2,250 m. d'altitude).

Relevé des observations météorologiques, faites pendant l'hiver 1898-99, par le gardien du refuge.

| JOURS. | DATES. | TEMPÉRATURE | | HAUTEUR DE LA NEIGE. | ÉTAT DU CIEL. | DIRECTION du VENT. | OBSERVATIONS |
		Au-dessus de 0.	Au-dessous de 0.				
					Mois d'Octobre 1898.		
Samedi . .	1	5	»	»	Pluie.	E.	
Dimanche.	2	5	»	»	Couvert.	Calme.	
Lundi . . .	3	6	»	»	Pluie.	S.	
Mardi . . .	4	6	»	»	Couvert.	S.	
Mercredi .	5	7	»	»	Id.	S.	
Jeudi . . .	6	5	»	»	Id.	Calme.	
Vendredi .	7	6	»	»	Id.	E.	
Samedi . .	8	5	»	»	Demi-couvert.	E.	
Dimanche.	9	6	»	»	Id.	E.	
Lundi . . .	10	7	»	»	Couvert.	E.	
Mardi . . .	11	4	»	0^{m}50	Neige.	N.	Bourrasque.
Mercredi .	12	0	0	»	Brouillard.	N.	
Jeudi . . .	13	»	3	»	Serein.	N.	
Vendredi .	14	»	1	»	Id.	Calme.	
Samedi . .	15	3	»	0^{m}15	Neige.	S.	Id.
Dimanche.	16	7	»	»	Couvert.	S.	
Lundi . . .	17	6	»	»	Pluie.	S.	Id.
Mardi . . .	18	4	»	0^{m}20	Neige.	S.	
Mercredi .	19	3	»	»	Couvert.	Calme.	
Jeudi . . .	20	3	»	»	Demi-couvert.	Id.	

JOURS.	DATES.	TEMPÉRATURE Au-dessus de 0.	Au-dessous de 0.	HAUTEUR DE LA NEIGE.	ÉTAT DU CIEL.	DIRECTION du VENT.	OBSERVATIONS.
Vendredi .	21	3	»	»	Couvert.	O.	
Samedi . .	22	4	»	»	Id.	O.	
Dimanche.	23	5	»	»	Serein.	Calme.	
Lundi . .	24	4	»	»	Id.	Id.	
Mardi . . .	25	3	»	»	Id.	Id.	
Mercredi .	26	3	»	»	Id.	Id.	
Jeudi . . .	27	2	»	»	Id.	Id.	
Vendredi .	28	3	»	»	Id.	S.	
Samedi . .	29	3	»	»	Couvert.	S.	
Dimanche.	30	4	»	»	Pluie.	S.	Bourrasque.
Lundi . . .	31	4	»	»	Id.	S.	Id.

Mois de Novembre 1898.

Mardi . . .	1	2	»	»	Couvert.	Calme.	
Mercredi .	2	2	»	»	Id.	Id.	
Jeudi . . .	3	0	»	»	Serein.	Id.	
Vendredi .	4	2	»	»	Couvert.	Id.	
Samedi . .	5	5	»	»	Pluie.	S.	
Dimanche.	6	3	»	»	Couvert.	S.	
Lundi . . .	7	3	»	»	Id.	E.	
Mardi . . .	8	1	»	»	Id.	E.	
Mercredi .	9	1	»	»	Id.	E.	
Jeudi . .	10	1	»	»	Id.	E.	
Vendredi .	11	0	»	»	Serein.	Calme.	
Samedi . .	12	3	»	»	Couvert.	S.	
Dimanche.	13	0	»	0ᵐ40	Neige.	S.	
Lundi . . .	14	3	»	»	Couvert.	E.	
Mardi . . .	15	2	»	»	Serein.	Calme.	
Mercredi .	16	2	»	»	Id.	Id.	
Jeudi . . .	17	2	»	»	Couvert.	Id.	
Vendredi .	18	»	3	»	Id.	N.	
Samedi . .	19	»	3	»	Demi-couvert.	N.	

27

JOURS.	DATES.	TEMPÉRATURE		HAUTEUR DE LA NEIGE.	ÉTAT DU CIEL.	DIRECTION du VENT.	OBSERVATIONS
		Au-dessus de 0.	Au-dessous de 0.				
Dimanche.	20	»	2	»	Couvert.	E.	
Lundi . . .	21	»	1	»	Demi-couvert.	E.	
Mardi . . .	22	»	1	»	Couvert.	Calme.	
Mercredi .	23	0	0	0m25	Neige.	S.	Bourrasque.
Jeudi . . .	24	»	2	0m30	Id.	S.	Id.
Vendredi .	25	»	3	0m30	Id.	S.	Id.
Samedi . .	26	»	4	0m25	Id.	S.	Id.
Dimanche.	27	»	5	»	Couvert.	N.	
Lundi . . .	28	»	5	»	Id.	N.	Faible et intermittent
Mardi . . .	29	»	5	0m25	Neige.	S.	Bourrasque.
Mercredi .	30	»	8	»	Demi-couvert.	N.	

Mois de Décembre 1898.

JOURS.	DATES.	TEMPÉRATURE		HAUTEUR DE LA NEIGE.	ÉTAT DU CIEL.	DIRECTION du VENT.	OBSERVATIONS
		Au-dessus de 0.	Au-dessous de 0.				
Jeudi . . .	1	»	8	»	Serein.	Calme.	
Vendredi .	2	»	9	»	Id.	N.	
Samedi . .	3	»	5	»	Id.	N.	
Dimanche.	4	»	3	»	Id.	E.	
Lundi . . .	5	»	2	»	Id.	Calme.	
Mardi . . .	6	»	1	»	Id.	Id.	
Mercredi .	7	0	0	»	Id.	Id.	
Jeudi . . .	8	»	3	»	Id.	Id.	
Vendredi .	9	»	4	»	Id.	Id.	
Samedi . .	10	5	»	»	Id.	Id.	
Dimanche.	11	4	»	»	Id.	Id.	
Lundi . . .	12	2	»	»	Id.	Id.	
Mardi . . .	13	»	3	»	Id.	Id.	
Mercredi .	14	»	1	»	Id.	Id.	
Jeudi . . .	15	»	1	»	Brouillard.	E.	
Vendredi .	16	»	1	»	Serein.	Calme.	
Samedi . .	17	»	2	»	Id.	Id.	
Dimanche.	18	»	2	»	Id.	Id.	
Lundi . . .	19	»	1	»	Id.	Id.	

JOURS.	DATES.	TEMPÉRATURE		HAUTEUR DE LA NEIGE.	ÉTAT DU CIEL.	DIRECTION du VENT.	OBSERVATIONS
		Au-dessus de 0.	Au-dessous de 0.				
Mardi . . .	20	»	3	»	Serein.	N.	
Mercredi .	21	»	10	»	Id.	N.	
Jeudi . . .	22	»	12	»	Id.	N.	
Vendredi .	23	»	9	»	Id.	Calme.	
Samedi . .	24	»	9	»	Id.	Id.	
Dimanche.	25	»	7	»	Id.	Id.	
Lundi . . .	26	»	8	»	Id.	Id.	
Mardi . . .	27	»	5	»	Id.	S.	
Mercredi .	28	»	9	0^{m}15	Neige.	N.	Bourrasque.
Jeudi . . .	29	»	9	»	Serein.	N.	
Vendredi .	30	»	6	0^{m}20	Neige.	S.	
Samedi . .	31	»	5	0^{m}15	Brouillard.	S.	

Mois de Janvier 1899.

Dimanche.	1	»	4	0^{m}25	Brouillard.	S.	
Lundi . . .	2	»	4	0^{m}30	Id.	S.	
Mardi . . .	3	»	13	0^{m}30	Id.	S.	
Mercredi .	4	»	3	»	Id.	O.	
Jeudi . . .	5	»	0	»	Serein.	Calme.	
Vendredi .	6	»	4	»	Id.	Id.	
Samedi . .	7	»	2	»	Brouillard.	Id.	
Dimanche.	8	»	4	»	Id.	Id.	
Lundi . . .	9	»	4	"	Couvert.	S.	
Mardi . . .	10	»	3	0^{m}25	Brouillard.	S.	
Mercredi .	11	»	3	»	Couvert.	S.	
Jeudi . . .	12	»	7	»	Brouillard.	S.	
Vendredi .	13	»	3	»	Couvert.	N.	
Samedi . .	14	»	0	»	Demi-couvert.	O.	
Dimanche.	15	»	0	»	Serein.	O.	
Lundi . . .	16	»	1	»	Id.	O.	
Mardi . . .	17	»	6	»	Brouillard.	O.	
Mercredi .	18	»	8	»	Serein.	N.	

JOURS.	DATES.	TEMPÉRATURE		HAUTEUR DE LA NEIGE.	ÉTAT DU CIEL.	DIRECTION du VENT.	OBSERVATIONS.
		Au-dessus de 0.	Au-dessous de 0.				
Jeudi . . .	19	»	0	»	Serein.	N.	
Vendredi .	20	»	0	»	Id.	Calme.	
Samedi . .	21	»	1	»	Id.	Id.	
Dimanche	22	»	3	»	Id.	Id.	
Lundi . . .	23	»	2	»	Id.	Id.	
Mardi . . .	24	»	2	»	Demi-couvert.	O.	
Mercredi .	25	»	3	»	Id.	O.	
Jeudi . . .	26	»	2	»	Id.	Calme.	
Vendredi .	27	»	3	»	Serein.	Id.	
Samedi . .	28	»	2	»	Id.	Id.	
Dimanche.	29	»	0	»	Id.	N. faible.	
Lundi . . .	30	»	1	»	Id.	Id.	
Mardi . . .	31	»	2	»	Id.	N.	

Mois de Février 1899.

JOURS.	DATES.	Au-dessus de 0.	Au-dessous de 0.	HAUTEUR	ÉTAT DU CIEL.	DIRECTION du VENT.	
Mercredi .	1	»	2	»	Serein.	N.	
Jeudi . . .	2	»	3	»	Id.	N.	
Vendredi	3	»	2	»	Demi-couvert.	Calme.	
Samedi . .	4	»	2	»	Id.	N.	
Dimanche.	5	»	3	»	Couvert.	Calme.	
Lundi . . .	6	»	3	0ᵐ20	Id.	Id.	
Mardi . . .	7	»	2	»	Id.	O.	
Mercredi .	8	»	1	»	Id.	O.	
Jeudi . . .	9	»	0	»	Id.	O.	
Vendredi .	10	»	3	»	Serein.	O.	
Samedi . .	11	1	»	»	Couvert.	S.	
Dimanche.	12	1	»	»	Id.	S.	
Lundi . . .	13	0	»	»	Id.	S.	
Mardi . . .	14	0	»	»	Id.	O.	
Mercredi .	15	2	»	»	Id.	O.	
Jeudi . . .	16	3	»	»	Id.	O.	
Vendredi .	17	1	»	»	Id.	O.	

JOURS.	DATES.	TEMPÉRATURE		HAUTEUR DE LA NEIGE.	ÉTAT DU CIEL.	DIRECTION du VENT.	OBSERVATIONS
		Au-dessus de 0.	Au-dessous de 0.				
Samedi . .	18	0	»	»	Couvert.	N.	
Dimanche.	19	3	»	»	Serein.	Calme.	
Lundi . . .	20	3	»	»	Id.	Id.	
Mardi . . .	21	4	»	»	Id.	Id.	
Mercredi .	22	4	0	»	Id.	N.	
Jeudi . . .	23	»	2	»	Id.	Calme.	
Vendredi .	24	»	1	»	Id.	Id.	
Samedi . .	25	3	»	0ᵐ20	Couvert.	Id.	
Dimanche .	26	»	6	»	Serein.	Id.	
Lundi . . .	27	»	4	»	Id.	Id.	
Mardi . . .	28	»	2	»	Id.	Id.	

Mois de Mars 1899.

JOURS.	DATES.	TEMPÉRATURE		HAUTEUR DE LA NEIGE.	ÉTAT DU CIEL.	DIRECTION du VENT.	OBSERVATIONS
		Au-dessus de 0.	Au-dessous de 0.				
Mercredi .	1	»	4	»	Serein.	Calme.	
Jeudi . . .	2	»	3	»	Id.	Id.	
Vendredi .	3	»	3	»	Id.	Id.	
Samedi . .	4	»	4	»	Id.	N.	
Dimanche.	5	»	6	»	Id.	N.	
Lundi . . .	6	»	3	»	Id.	Calme.	
Mardi . . .	7	»	3	»	Brouillard.	Id.	
Mercredi .	8	»	4	0ᵐ15	Couvert.	S.	
Jeudi . . .	9	»	3	0ᵐ40	Id.	S.	
Vendredi .	10	»	5	»	Id.	E.	Bourrasque.
Samedi . .	11	»	2	»	Id.	E.	
Dimanche.	12	»	0	»	Id.	E.	Id.
Lundi . . .	13	1	»	»	Id.	E.	Id.
Mardi . . .	14	2	»	»	Demi-couvert.	E.	Id.
Mercredi .	15	1	»	»	Serein.	Calme.	
Jeudi . . .	16	0	»	»	Id.	Id.	
Vendredi .	17	0	0	»	Id.	Id.	
Samedi . .	18	»	1	»	Id.	Id.	
Dimanche.	19	»	0	»	Id.	Id.	

JOURS.	DATES.	TEMPÉRATURE Au-dessus de 0.	Au-dessous de 0.	HAUTEUR DE LA NEIGE.	ÉTAT DU CIEL.	DIRECTION du VENT.	OBSERVATIONS
Lundi . . .	20	»	3	»	Serein.	N.	
Mardi . . .	21	»	10	»	Id.	N.	
Mercredi .	22	»	7	»	Id.	S.	
Jeudi . . .	23	»	6	»	Demi-couvert.	S.	
Vendredi .	24	»	7	»	Id.	S.	
Samedi . .	25	»	5	»	Id.	S.	
Dimanche.	26	»	5	»	Serein.	Calme.	
Lundi . . .	27	»	4	»	Id.	Id.	
Mardi . . .	28	»	6	»	Demi-serein.	Id.	
Mercredi .	29	»	4	»	Serein.	Id.	
Jeudi . . .	30	»	3	»	Id.	Id.	
Vendredi .	31	»	2	»	Id.	Id.	

Mois d'Avril 1899.

JOURS.	DATES.	TEMPÉRATURE Au-dessus de 0.	Au-dessous de 0.	HAUTEUR DE LA NEIGE.	ÉTAT DU CIEL.	DIRECTION du VENT.	OBSERVATIONS
Samedi . .	1	5	»	»	Serein.	Calme.	
Dimanche.	2	5	»	»	Id.	Id.	
Lundi . . .	3	4	»	»	Id.	Id.	
Mardi . . .	4	3	»	»	Id.	O.	
Mercredi .	5	1	»	»	Couvert.	O.	
Jeudi . . .	6	4	»	»	Serein.	Calme.	
Vendredi .	7	0	0	0^{m}10	Couvert.	N.	Bourrasque.
Samedi . .	8	»	6	»	Id.	N.	Id.
Dimanche.	9	»	10	»	Serein.	N.	Id.
Lundi . . .	10	»	5	»	Id.	Calme.	
Mardi . . .	11	»	0	»	Id.	Id.	
Mercredi .	12	»	3	0^{m}03	Couvert.	Id.	
Jeudi . . .	13	»	5	»	Id.	N.	Id.
Vendredi .	14	»	3	»	Id.	S.	
Samedi . .	15	»	3	0^{m}15	Id.	S.	
Dimanche.	16	»	3	»	Id.	S.	
Lundi . . .	17	»	2	»	Id.	S.	
Mardi . . .	18	1	»	0^{m}15	Id.	S.	

JOURS.	DATES.	TEMPÉRATURE		HAUTEUR DE LA NEIGE.	ÉTAT DU CIEL.	DIRECTION du VENT.	OBSERVATIONS
		Au-dessus de 0.	Au-dessous de 0.				
Mercredi .	19	3	»	0ᵐ50	Couvert.	Calme.	
Jeudi . . .	20	0	»	»	Brouillard.	Id.	
Vendredi .	21	2	»	»	Serein.	Id.	
Samedi . .	22	4	»	0ᵐ20	Couvert.	N.	Bourrasque.
Dimanche.	23	4	»	»	Serein.	Calme.	
Lundi . . .	24	1	»	»	Id.	Id.	
Mardi . . .	25	4	»	»	Couvert.	S.	
Mercredi .	26	0	»	»	Id.	S.	Id.
Jeudi . . .	27	»	5	»	Serein.	N.	
Vendredi .	28	»	0	»	Id.	Calme.	
Samedi . .	29	»	3	»	Id.	Id.	
Dimanche.	30	4	»	»	Id.	N.	

Mois de Mai 1899.

JOURS.	DATES.	TEMPÉRATURE		HAUTEUR DE LA NEIGE.	ÉTAT DU CIEL.	DIRECTION du VENT.	OBSERVATIONS
		Au-dessus de 0.	Au-dessous de 0.				
Lundi . . .	1	3	»	»	Serein.	Calme.	
Mardi . . .	2	4	»	»	Id.	Id.	
Mercredi .	3	6	»	»	Id.	O.	
Jeudi . . .	4	5	»	»	Id.	O.	
Vendredi .	5	0	»	»	Id.	N.	
Samedi . .	6	3	»	»	Id.	Calme.	
Dimanche.	7	5	»	»	Couvert.	Id.	
Lundi . . .	8	5	»	»	Id.	Id.	
Mardi . . .	9	5	»	»	Serein.	Id.	
Mercredi .	10	3	»	»	Id.	N.	
Jeudi . . .	11	5	»	0ᵐ10	Neige.	Calme.	
Vendredi .	12	6	»	»	Serein.	Id.	
Samedi . .	13	7	»	»	Id.	Id.	
Dimanche.	14	7	»	»	Couvert.	S.	
Lundi . . .	15	7	»	»	Pluie.	S.	
Mardi . . .	16	4	»	»	Serein.	N.	
Mercredi .	17	6	»	»	Id.	Calme.	
Jeudi . . .	18	7	»	»	Id.	Id.	

JOURS.	DATES.	TEMPÉRATURE		HAUTEUR DE LA NEIGE.	ÉTAT DU CIEL.	DIRECTION du VENT.	OBSERVATIONS
		Au-dessus de 0.	Au-dessous de 0.				
Vendredi .	19	6	»	»	Serein.	Calme.	
Samedi . .	20	7	»	»	Id.	Id.	
Dimanche.	21	6	»	»	Id.	Id.	
Lundi . . .	22	6	»	»	Id.	O.	
Mardi . . .	23	7	»	»	Couvert.	Calme.	
Mercredi .	24	8	»	»	Pluie.	S.	
Jeudi . . .	25	8	»	»	Couvert.	S.	
Vendredi .	26	8	»	»	Id.	S.	
Samedi . .	27	6	»	»	Id.	N.	
Dimanche.	28	4	»	0m10	Neige.	N.	
Lundi . . .	29	3	»	»	Demi-couvert.	N.	
Mardi . . .	30	5	»	»	Couvert.	S.	
Mercredi .	31	3	»	»	Serein.	S.	

Certifié conforme aux observations faites par le gardien du refuge.

Barcelonnette, le 27 décembre 1899.

Le Conducteur des Ponts et Chaussées,

E. Savoyat.

Une AVALANCHE, survenue en mars 1893, sur le flanc gauche de la vallée de la Romanche, près de Livet, a été photographiée par M. P. Lory et la vue en a été reproduite par nos soins dans le tome III (fasc. 2) des Travaux du Laboratoire de Géologie de l'Université de Grenoble en 1896. Provenant d'une région qui, en été, est dépourvue de neige, cette avalanche a semblé intéressante à cause de la netteté avec laquelle se distinguaient son point d'alimentation, son couloir et son cône, ce dernier barrant la route nationale.

Il est fort malaisé d'obtenir des divers observateurs des statistiques précises et comparables entre elles. Nous avons reproduit ici les tableaux tels qu'on nous les a envoyés, mais il nous est difficile d'en garantir la précision absolue, les éléments de contrôle nous faisant défaut. Cependant nous savons qu'il existe en plusieurs points des Alpes des personnes qui relèvent les indications météorologiques avec soin et discernement. C'est ainsi que M. F. Arnaud, à Barcelonnette, dresse des tableaux fort intéressants et scrupuleusement documentés. Pourquoi ces personnes ne s'intéresseraient-elles pas davantage à l'enneigement des *hautes régions* et à ses variations ? Il serait à désirer qu'un service régulier d'observations, spécial à la région alpine, fût organisé administrativement et que les documents recueillis fussent publiés périodiquement. Notre Société regrette qu'une pareille tâche dépasse ses moyens d'action et ses ressources budgétaires.

Quoique les indications ci-dessus soient bien incomplètes, on peut cependant en tirer quelques données générales :

1° *La plus enneigée* des trois stations est la Bérarde, (altitude : 1,738ᵐ), ce qui s'explique par la position exceptionnelle de cette localité au centre du massif du Pelvoux.

Puis vient le Col de Valgelaye (altitude : 2,250ᵐ), qui est la plus élevée des trois stations, et enfin la Grave (altitude : 1,450ᵐ).

2° Il ne semble pas, d'après les documents précédents, qu'il y ait concordance entre les variations des sommes de neige tombée pendant chaque hiver dans les trois stations.

3° Les *maxima de chutes de neige* se seraient produits :

En 1895 : A la Bérarde, le 1ᵉʳ mars (1ᵐ30); à la Grave, le 7 décembre (0ᵐ27).

En 1896 : A la Bérarde, le 15 mars (1ᵐ30); à la Grave, le 29 novembre (0ᵐ75) et le 29 mars (0ᵐ24) : au Col de Valgelaye, le 1ᵉʳ octobre (0ᵐ30).

En 1897 : A la Bérarde, le 15 mars (1ᵐ30); à la Grave, du 1ᵉʳ au 17 janvier (0ᵐ37) et le 12 mars (0ᵐ30); au Col de Valgelaye, le 13 mars (2ᵐ05).

En 1898 : A la Bérarde, le 15 mars (1ᵐ80); à la Grave, le 5 février (0ᵐ40) et le 28 novembre (0ᵐ52) ; au Col de Valgelaye, le 22 février (0ᵐ50), les 7 et 27 mars (0ᵐ50).

En 1899 : A la Bérarde, le 15 janvier (1ᵐ80), et à la Grave, le 6 janvier (1ᵐ90).

4° *Au col de Valgelaye,* les chutes de neige corres-

pondent généralement à des températures relativement basses, mais pas aux températures minima.

5° *L'apparition de la neige* se placerait :
En 1895 : A la Bérarde, en décembre ; à la Grave,
le 23 novembre.

En 1896 : A la Bérarde, le 1er novembre; à la Grave,
le 29 octobre; au Col de Valgelaye, le 1er octobre.

En 1897-98 : A la Bérarde, point de neige (jusqu'au
15 février 1898); à la Grave, en janvier 1898; au Col de
Valgelaye, en octobre.

En 1898 : A la Bérarde, le 1er décembre ; à la
Grave, le 28 novembre.

6° *La disparition définitive de la neige* aurait eu lieu :
En 1895 : A la Bérarde, après le 15 avril.

En 1896 : A la Bérarde, après le 15 avril ; à la
Grave, après le 15 mai.

En 1897 : A la Bérarde, après le 15 avril.

En 1898 : A la Bérarde, après le 1er mai.

En 1899 : A la Bérarde, après le 1er avril.

*
* *

L'Administration militaire continue à relever journellement, dans les postes d'hiver, des indications précieuses pour la climatologie et l'enneigement.

Quelque persuadé que nous soyons du grand intérêt qu'il y aurait à dépouiller, à élaborer et à livrer à
la publicité en les soumettant à un contrôle minutieux,
ces renseignements peut-être uniques en leur genre,
nous avons, à notre grand regret, dû renoncer à pour-
suivre cette publication. Le travail de dépouillement

de ces documents et l'examen critique auquel il faut
soumettre ces indications, de précision et de valeur
inégales et parfois relevées à la hâte, constituent en
effet un labeur considérable peu compatible avec nos
occupations habituelles et pour lequel aucun confrère
de bonne volonté ne s'est encore présenté.

Nous espérons néanmoins que les efforts tentés par
la Société des Touristes du Dauphiné, de 1890 à 1899,
ne seront pas perdus ; il se trouvera sans doute tôt ou
tard des chercheurs prêts à suivre la voie que nous
avons tracée et à continuer ces recherches sur l'enneigement des Alpes françaises. Les statistiques publiées
dans nos Annuaires, jointes à des documents nouveaux.
permettront peut-être alors de dégager les lois qui
régissent les précipitations atmosphériques dans les
régions montagneuses et d'entrevoir l'avenir qui est
réservé à nos glaciers.

CHRONIQUE

La Commission internationale de l'Étude des Glaciers doit se réunir en août 1900, à l'occasion du VIIIe Congrès géologique international, à Paris. Elle est composée ainsi qu'il suit, depuis la VIIe session du Congrès géologique international à Saint-Pétersbourg (1897) :

Allemagne : Prof. Dr S. Finsterwalder, à Munich, Secrétaire.

Autriche : Prof. Dr E. Richter, à Graz, Président.

Danemark et ses colonies : Dr K.-J.-V. Steenstrup, à Copenhague.

États-Unis d'Amérique : Prof. Dr H. Fielding Reid, à Baltimore.

France : Prince Roland Bonaparte, à Paris.

Grande-Bretagne et ses colonies : D. W. Freshfield, à Londres.

Norvège : Dr P.-A. Oyen, à Christiania.

Suède : Dr F.-U. Svenonius, à Stockholm.

Suisse : Prof. Dr F.-A. Forel, à Morges, et Prof. Dr Léon du Paquier, à Neuchâtel[1].

Russie : Prof. Dr J. Mouchkétow, à Saint-Pétersbourg.

Italie : Prof. Dr G. Marinelli, à Florence.

Spitzberg et régions polaires : Prof. Dr A. Nathorst, à Stockholm.

[1] M. du Paquier est décédé depuis cette époque.

Cette Commission a publié, avec l'appui financier du Prince Roland Bonaparte, dans les Archives des Sciences physiques et naturelles de Genève et en tirages à part, les rapports suivants :

F.-A. Forel. — Les variations périodiques des Glaciers. Discours préliminaire (Arch. de Genève, XXXIV, 209, 1895).

F.-A. Forel et *L. du Paquier.* — Id. 1er Rapport (*Ibid.*, II, 129, 1896).

F.-A. Forel et *L. du Paquier.* — Id. 2e Rapport (*Ibid.*, IV, 1897).

Ch. Rabot. — Les variations en longueur des Glaciers dans les régions arctiques et boréales (*Ibid.*, III, 163, 301, 1897).

E. Richter. — Les variations périodiques des Glaciers. 3e Rapport (*Ibid.*, VI, p. 51, 1898).

E. Richter. — Les variations périodiques des Glaciers. 4e Rapport (*Ibid.*, VIII. 1899).

En août 1899 a eu lieu, au Glacier du Rhône, une conférence très intéressante, à laquelle ont pris part un certain nombre de spécialistes. On y a étudié diverses questions relatives aux glaciers, fixé des règles pour la terminologie à employer dans les études glaciaires et défini un certain nombre des problèmes qui se posent dans l'état actuel de la Glaciologie.

Il sera rendu compte prochainement des résultats obtenus dans cette conférence.

Publications récentes : Sans prétendre donner même un aperçu incomplet de la bibliographie glaciologique de 1895 à 1899, nous croyons devoir signaler particulièrement au lecteur les ouvrages suivants :

Harry Fielding Reid. — Variations of Glaciers (The Journal of Geology, t. III, 3, mai 1895), Chicago, 1895.

Harry Fielding Reid. — Variations of Glaciers, II (Journal of Geol., t. V, juin 1897), Chicago, 1897. — III et IV (Journ. of Geol., t. VII, mai 1899), Chicago, 1899.

F.-A. Forel, M. Lugeon et *E. Muret*. — Les variations périodiques des Glaciers des Alpes. 18e Rapport, 1897 (Annuaire du Club Alpin Suisse, t. XXXIII, 1898).

F.-A. Forel, M. Lugeon et *E. Muret*. — Les variations périodiques des Glaciers des Alpes. 19e Rapport, 1898 (Id., t. XXXIV, 1899).

E. Richter. — Neue Ergebnisse und Probleme der Glestscherforschung (Abh. der K. K. Geogr. Gesellsch. in Wien, 1, 1899), Vienne, 1899. — Important résumé des tendances et de l'état actuel des études glaciaires.

A. Heim. — Die Gletscherlawine an der Altels am 11. September 1895. (Im Auftrag der Gletscherkommission der schweitz naturf. Gesellsch. bearbeitet. — Zürich, 1895.

A. Baltzer.— Studien am Unter-Grindelwald.—Gletscher, über Glacialerosion, Laengen-und Dickenveraenderung in den Jahren, 1892 *bis* 1897 (7 Pl.). (Denckschr. Schweitz. Naturf. Gesellschaft, t. XXXIII, 2, 1898.)

Il y a lieu enfin de mentionner tout spécialement l'étude magistrale et importante que M. *Erich v. Dry-*

galski a fait paraître sur les Glaciers du Groenland [1] et qui marque une date importante dans les progrès de la Glaciologie. Les personnes qui ne peuvent prendre directement connaissance de ce beau livre en trouveront des analyses dans les Comptes Rendus de l'Académie des Sciences de Paris (14 mars 1898, par M. Marcel Bertrand); dans les « Mittheilungen de Petermann » (1898, p. 54, et juillet 1899, par M. Finsterwalder); dans la « Geographische Zeitschrift » de Hettner (1899, p. 126, par M. Richter) dans le 19e Rapport de MM. Forel, Lugeon et Muret (v. plus haut), etc. — L'ouvrage de M. Drygalski soulève des questions importantes relatives à la structure et au mouvement des glaciers ; il est très richement documenté (photographies, cartes, plans, analyses, etc.) et mérite de devenir classique.

[1] Groenland-Expedition der Gesellschaft für Erdkunde zu Berlin, 1891-1893. Unter Leitung von *Erich r. Drygalski*. — 2 vol., Berlin : K. H. Kühl, 1897.

NOTA

La publication du présent mémoire et l'exécution des Planches qui l'accompagnent ont été grandement facilitées par une subvention que l'*Association française pour l'Avancement des Sciences* a allouée, au mois de mars 1900, à M. le professeur W. Kilian, pour l'étude des Glaciers du Dauphiné.

M. Kilian tient à exprimer ici publiquement sa reconnaissance pour ce généreux concours qui a permis de grouper en un faisceau homogène, de faire connaître sous une forme convenable et d'illustrer dans une plus large mesure les documents qui forment ce volume.

Ces renseignements si précieux pour l'histoire de nos glaciers ont été réunis depuis dix ans, grâce aux sacrifices pécuniaires que s'est imposés sans compter la *Société des Touristes du Dauphiné*.

Leur publication répond à un des vœux formulés par la *Commission internationale des Glaciers*, à laquelle ce travail est dédié.

———⋅⊹⋅⊶①②③⊷⋅⊹⋅———

TABLE DES PLANCHES

TABLE DES FIGURES

TABLE DES MATIÈRES

Enneigement et Climatologie.

ERRATA

———

P. 221, ligne 21 et en note, lire : *du Pasquier,* au lieu de : du
Paquier.
P. 223, ligne 17, lire: Gletscherforschung, au lieu de : Glestscher-
forschung.
P. 223, ligne 25, lire : Unter-Grindelwaldgletscher, au lieu de :
Unter-Grindelwald. — Gletscher.

PHOTOTYPIE S.A.D.A.G. — GENÈVE

Phot. Flusin

FRONT DU GLACIER DE LA PILATTE

(21 août 1899)

PHOTOTYPIE S.A.D.A.G. — GENÈVE

Épreuve communiquée par M. H. Duhamel

FRONT DU GLACIER DE LA PILATTE
en 1884

FRONT DU GLACIER DU CHARDON

24 août 1899

Phot. Flusin

PHOTOTYPIE S. A. D. A. G. — GENÈVE

PHOTOTYPIE S.A.D.A.G. – GENÈVE

Phot. Flusin

FRONT DU GLACIER DE LA BONNE-PIERRE, VU DE LA MORAINE LATÉRALE.

(23 août 1899)

Glacier du Says, vu du Glacier de la Pilatte

Sérats du Glacier de la Pilatte

Source du Glacier Noir

Pyramide de la S. T. D. pour l'étude des Glaciers
(Glacier du Chardon)

Moraine latérale du Glacier de la Bonne-Pierre

Chute du Glacier Blanc, vu du Glacier Noir

Phot. Plasin. — (21-25 août 1899)

Phot. Flusin

SÉRACS DU GLACIER BLANC, VUS DU REFUGE TUCKETT
(22 août 1900)

VALLÉE DU GLACIER NOIR ET FRONT DU GLACIER BLANC

22 août 1899

Phot. Flusin

PHOTOTYPIE S.A.D.A.G. — GENÈVE

Phot. Plusin

GLACIERS DE L'AILEFROIDE, VUS DU GLACIER DU SÉLÉ

(21 août 1899)

Petit Glacier ou
Gl. du Brec de l'homme
Passage

Aiguilles de Chambeyron
(3400 m.)

Grand Glacier ou
Glacier de l'Aiguille de
Chambeyron

Cliché Serran

LES GLACIERS DE MARINET ET LE MASSIF DES AIGUILLES DE CHAMBEYRON (Basses-Alpes)
Eté 1899
(Vue prise à 500 m. au N. du Col de Marinet).

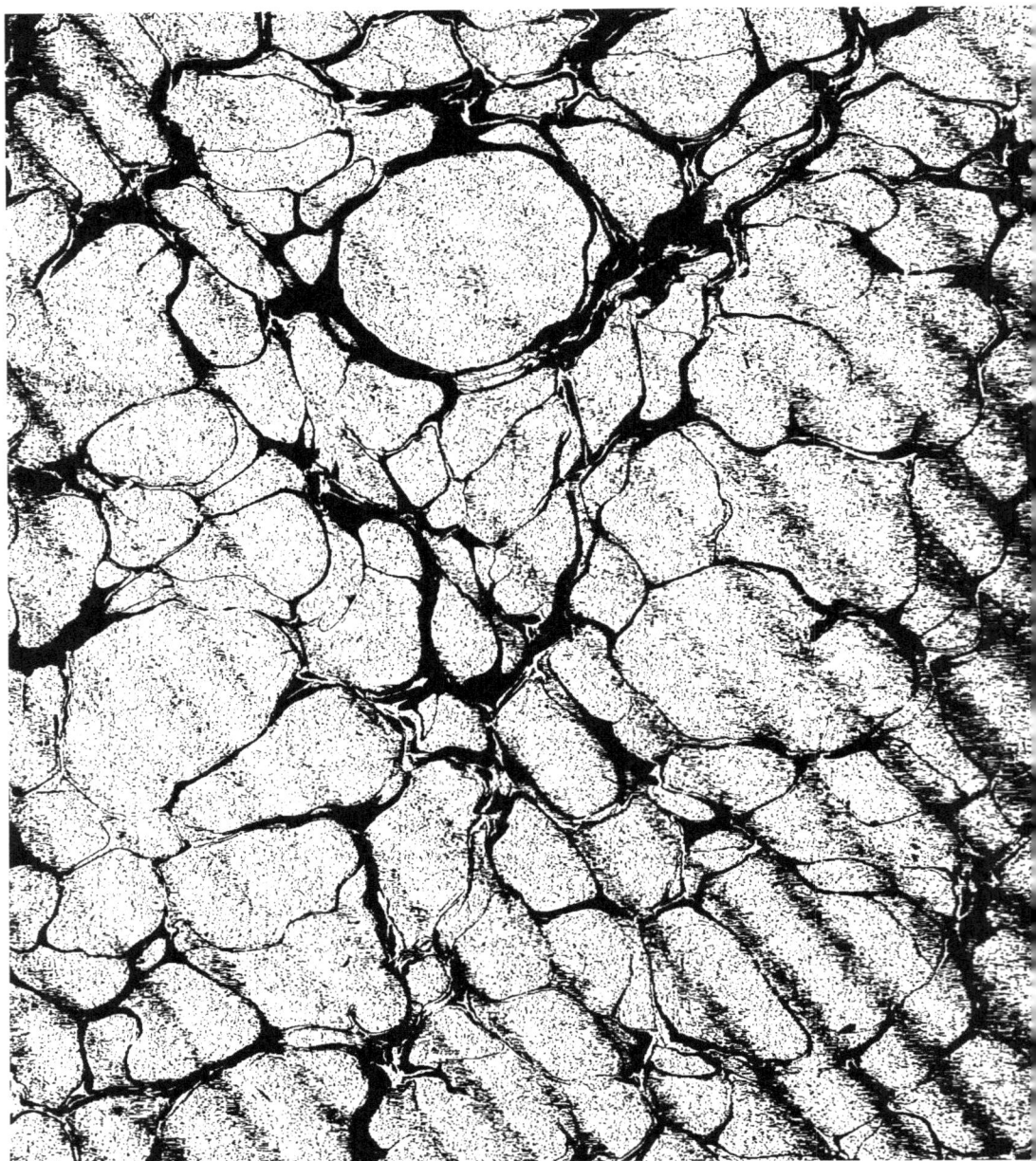

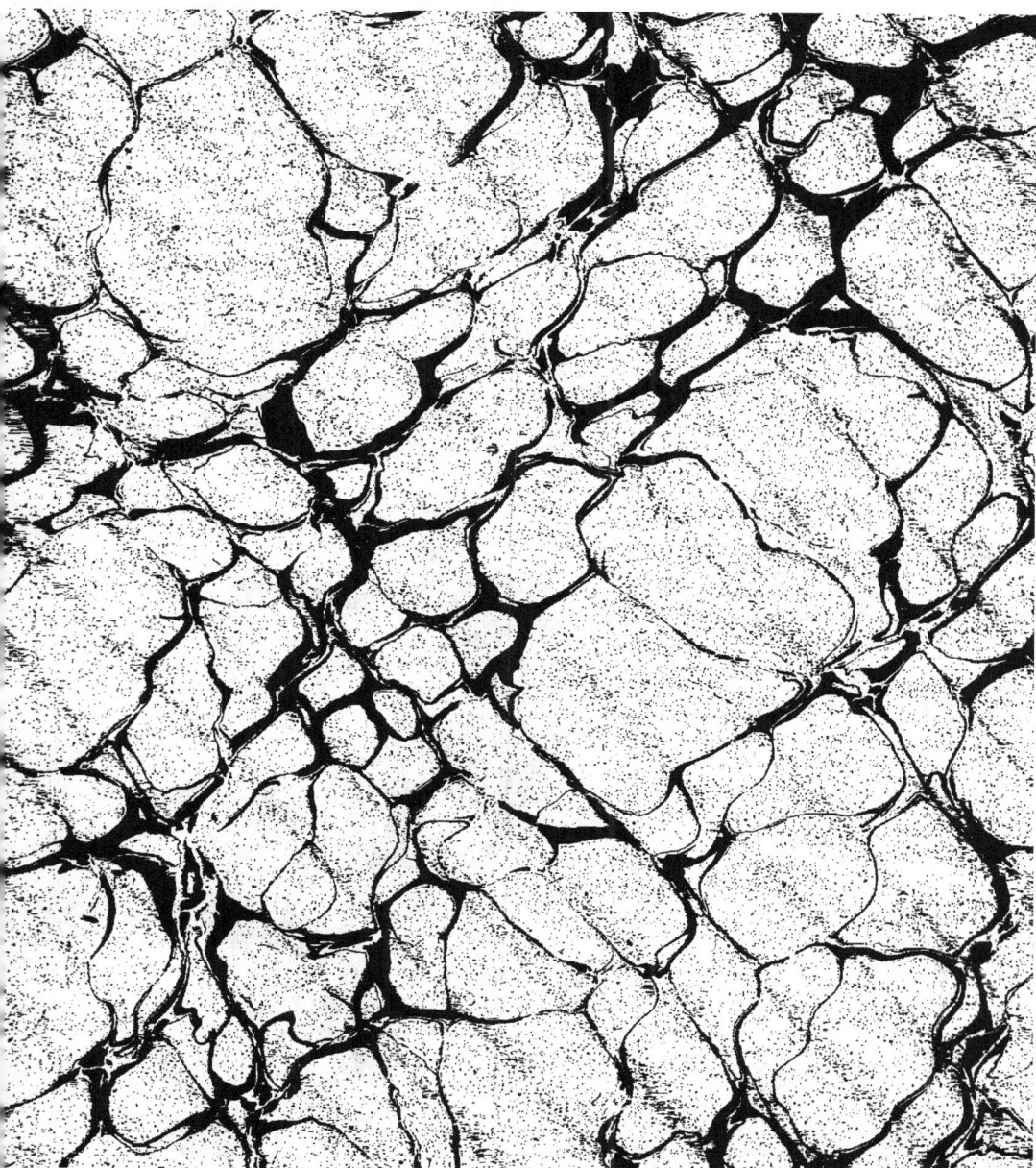